WERKSTATTBÜCHER

FÜR BETRIEBSANGESTELLTE, KONSTRUKTEURE UND FACH-ARBEITER. HERAUSGEGEBEN VON DR.-ING. H. HAAKE, HAMBURG

Jedes Heft 50—70 Seiten stark, mit zahlreichen Abbildungen

Die Werkstattbücher behandeln das Gesamtgebiet der Werkstatts-technik in kurzen selbständigen Einzeldarstellungen: anerkannte Fachleute und tüchtige Praktiker bieten hier das Beste aus ihrem Arbeitsfeld, um ihre Fach-genossen schnell und gründlich in die Betriebspraxis einzuführen.

Die Werkstattbücher stehen wissenschaftlich und betriebstechnisch auf der Höhe, sind dabei aber im besten Sinne gemeinverständlich, so daß alle im Betrieb und auch im Büro Tätigen, vom vorwärtsstrebenden Facharbeiter bis zum leitenden Ingenieur, Nutzen aus ihnen ziehen können.

Indem die Sammlung so den Einzelnen zu fördern sucht, wird sie dem Betrieb als Ganzem nutzen und damit auch der deutschen technischen Arbeit im Wett-bewerb der Völker.

Einteilung der bisher erschienenen Hefte nach Fachgebieten

(Fortsetzung 3. Umschlagseite)

WERKSTATTBÜCHER

FÜR BETRIEBSANGESTELLTE, KONSTRUKTEURE UND FACH-ARBEITER. HERAUSGEBER DR.-ING. H. HAAKE, HAMBURG

HEFT 44

Stanztechnik

Erster Teil

Schnittechnik. Technologie des Schneidens
Die Stanzerei

Von

Dipl.-Ing. Erich Krabbe VDI

Unna

Dritte, verbesserte Auflage

(13.—18. Tausend)

Mit 113 Abbildungen

Springer-Verlag Berlin Heidelberg GmbH
1953

ISBN 978-3-662-23094-7   ISBN 978-3-662-25062-4 (eBook)
DOI 10.1007/978-3-662-25062-4

Inhaltsverzeichnis.

Einleitung.

Die Stanztechnik hat sich schnell entwickelt. Um sich in den vielen Einzeldarstellungen des Schrifttums leicht zurechtzufinden, soll diese kleine Arbeit eine planmäßige Einteilung des umfangreichen Stoffes zur Entlastung des Gedächtnisses geben. Sie will kein Handbuch der Schnitt-Technik sein, sondern nur ein Führer durch die Stanztechnik[1].

Unter *Technik* soll die Art und Weise verstanden sein, wie man gegebene Mittel und Werkzeuge verwendet, um einem Gedanken oder Gefühl sinnlich wahrnehmbaren Ausdruck zu verleihen oder schlagwortartig ausgedrückt: ,,Technik ist der Weg, Wissen in Können umzusetzen". *Stanzen* ist die Tätigkeit eines Werkzeugpaares, das vermöge seiner Form geeignet ist, den dazwischen gebrachten, meist blechförmigen Werkstoff durch Beanspruchung über die Fließgrenze in eine gewollte Form zu bringen mit dem Ziel, eine Reihe gleicher Werkstücke herzustellen. Je nach der erwünschten Formgebung spricht man von: Schneiden, Biegen und Bördeln, Ziehen, Pressen und Prägen.

Schnittechnik ist also die Kunst, auf Grund der Kenntnis des Schnittvorganges und aller möglichen Schnittwerkzeuge, gestützt auf eigene Erfahrung, zu entscheiden und festzulegen, ob und wie ein gewisses Werkstück durch Schneiden herzustellen ist.

I. Die Grundlagen des Schneidens.

A. Der Schnittvorgang.

Schnitte haben den Zweck, Werkstoff abzutrennen. Man wählt hierzu die Schubbeanspruchung, weil diese neben der Biegungsbeanspruchung die einzige ist, bei der die Bruchfläche festliegt, in der durch die Beanspruchung der Werkstoff abgetrennt wird. In diesem Idealfall der Scherung behalten die Fasern $a\,b\,c$ und $a'\,b'\,c'$ (Abb. 1) vor, während und nach der Scherung genau ihre Lage zum Querschnitt des Werkstoffs bei, wenn diese Querschnittsform selbst sich vor und nach der Scherung nicht ändert, also jeder Faserquerschnitt genau der gleichen Beanspruchung durch die Kräfte $1\,2\,3\ 1'\,2'\,3'$ unterworfen ist. Das ist nur möglich, wenn die Kräfte $1\,2\,3$ usw. untereinander genau gleich groß

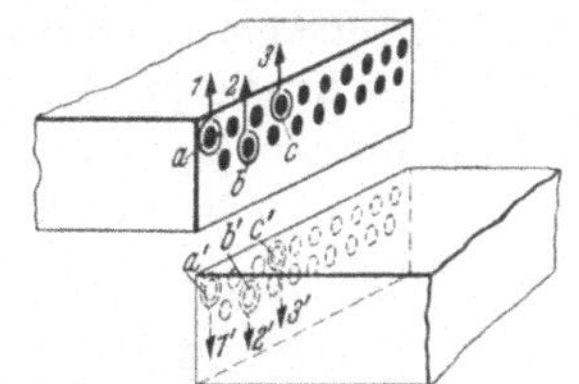

Abb. 1. Reines Scheren (Werkstoff kann nicht, auch nicht elastisch, ausweichen).

sind und in der Scherebene parallel und entgegengesetzt zueinander wirken.

Einen Stoff, der völlig gleichmäßig und unelastisch wäre, gibt es nicht. Auch ist es nicht möglich, die Scherkräfte in ein und derselben Ebene angreifen zu lassen, weil zur Übertragung von Kräften immer Flächen notwendig sind. Dazu kommt noch, daß die Schubspannung beim Schneiden blechförmiger Körper auf dem Umwege über die Druckbeanspruchung erzeugt wird.

Der Schnittvorgang wird sich also der reinen Scherung nur in dem Maße nähern, wie der jeweilig zu bearbeitende Werkstoff gleichmäßig und unelastisch ist, und in dem Maße, wie es gelingt, den ausgeübten Druck in Schubspannung umzusetzen. Diesem letzten Zweck dienen die Schneiden. Wie sich das Werkstück dabei verhält, hängt neben den Eigenschaften des Werkstoffes von der Schneidenart, -form und -bewegung ab.

---

[1] Die erste Auflage ist 1931, die zweite 1940 erschienen.

1. Die einfache Schneide. Beim Eintreiben einer Schneide mit der Kraft R in einen Stoff ergibt sich das Kräftespiel Abb. 2: R zerlegt sich in die zwei Teilkräfte P_1 und P_2 rechtwinklig zu den Seitenflächen des Schneidenkeils und jede dieser Kräfte bei ihrer Wirkung auf den Werkstoff wieder in je eine senkrechte und waagerechte Teilkraft. Die beiden senkrechten Teilkräfte P_{1s} und P_{2s} pressen

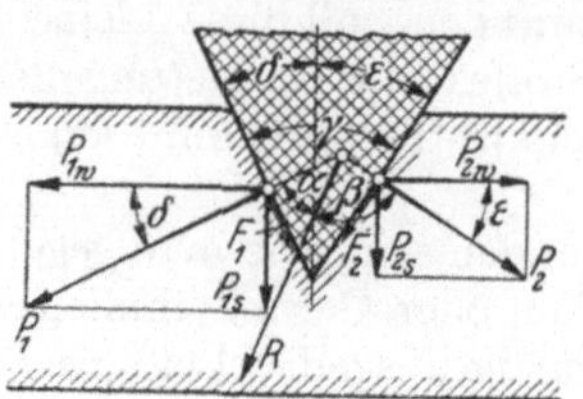

R	$P_1 = R\,\dfrac{\sin \beta}{\sin \gamma}$	$P_{1w} = P_1 \cdot \cos \delta$ $P_{1s} = P_1 \cdot \sin \delta$ $F_1 = P_1 \cdot \mu_1$
	$P_2 = R\,\dfrac{\sin \alpha}{\sin \gamma}$	$F_2 = P_2 \cdot \mu_2$ $P_{2w} = P_2 \cdot \cos \varepsilon$ $P_{2s} = P_2 \cdot \sin \varepsilon$

Abb. 2. Kräfte an einer Schneide.

die Schneide in den Werkstoff, die beiden waagerechten Teilkräfte P_{1w} und P_{2w} schieben den verdrängten Werkstoff dahin, wo er den geringsten Widerstand findet. Wird ein seitliches Ausweichen durch den umgebenden Stoff verhindert, so bleibt dem Werkstoff an der Schneide nur eine freie Bewegung übrig: an den Schneidenflächen in die Höhe zu steigen. Es entstehen Grate (Abb. 3). Ist der Stoff in sich

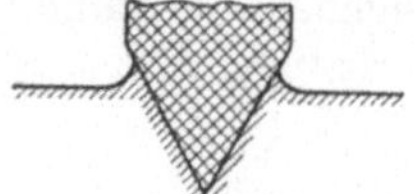 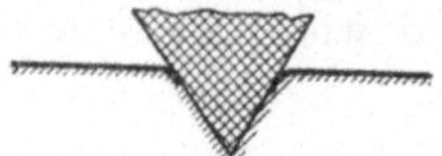 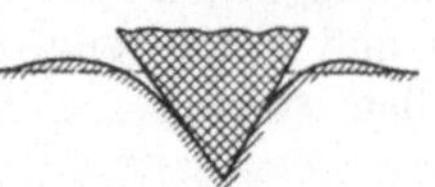

Abb. 3. Gratbildung.   Abb. 4. Nachgiebiger Werkstoff.   Abb. 5. Reibungswirkung.

nachgiebig, so wird er etwas mit ins Innere gezogen (Abb. 4). Eine Folge der Kräfte P_1 und P_2 ist die an den Schneidenflächen auftretende Reibung $F_1 = P_1 \cdot \mu_1$ und $F_2 = P_2 \cdot \mu_2$. Sie ist oft recht bedeutend, kann die zuvor erwähnten Erscheinungen verzögern und eine nach innen sich senkende Rundung verursachen (Abb. 5)

2. Das Kräftespiel bei zwei Schneiden. Bringt man zwischen die Schneiden eines Schnittwerkzeuges einen Blechstreifen, so wird auf ihn durch die Berührungsflächen zwischen Schneide und Werkstoff ein Druck P (Abb. 6)[1] übertragen. Mit dem weiteren Vordringen der Schneiden wächst diese Berührungsfläche infolge der Elastizität des Werkstoffes, und die Kräfte P rücken damit aus der Schnittebene

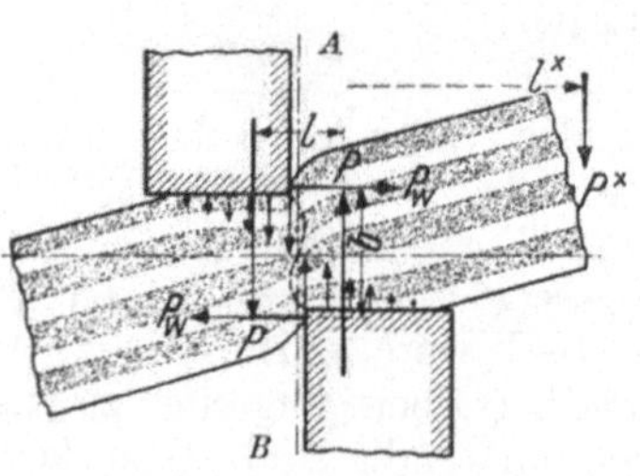

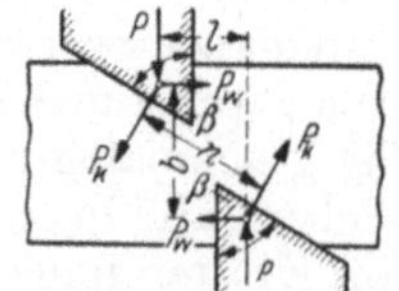

P	$P_k = P : \sin \beta$
	$P_w = P : \mathrm{tg}\ \beta$

$$P \cdot l = P_k \cdot n - P_w \cdot b$$

Abb. 6. Druckwirkung zweier Schneiden.   Abb. 7. Kippmoment durch spitzen Keilwinkel ausgeglichen.

$A - B$ heraus. Sie verursachen ein Drehmoment $P \cdot l$, das sich darin äußert, daß sich der waagerecht eingebrachte Werkstoff gegen die Waagerechte neigt, in dem Maße, wie die Schneiden eindringen. Durch die Neigung wird ein weiteres Drehmoment $P_w \cdot b$ hervorgerufen. Ist $P \cdot l$ größer als $P_w \cdot b$, so werden die Schneiden

---

[1] Die Abb. 6, 9, 13···15, 19, 40, 42, 44, 51 sind entnommen aus C. CODRON: Expériences sur le travail des machines-outils.

auseinandergebogen, so daß sie brechen können. Dem wirkt man durch eine Kraft P^* am Hebelarm l^* in Form eines Niederhalters entgegen. Läßt sich ein solcher nicht anbringen, so macht man sich die Wirkungsweise der Schneide mit spitzem Keilwinkel β zunutze (Abb. 7). Erfahrungsgemäß wächst die zur Überwindung des Werkstoffwiderstandes notwendige Kraft P mit der Eindringungstiefe der Schneiden. Die Folge davon ist, daß bei zugeschärften Schneiden die Kraftverteilung nicht gleichmäßig, sondern vor den tiefer eingedrungenen Streifen der Schneide die Kraft größer ist als vor der sich gerade in den Werkstoff einpressenden. Infolgedessen rücken bei diesen einseitig zugeschärften Schneiden ($\beta < 90°$) die Gesamtkräfte P in waagerechter Richtung einander näher als bei den Schneiden nach Abb. 6 ($\beta = 90°$), l wird kürzer, das Moment $P \cdot l$ wird kleiner und gleichzeitig damit die Neigung des Werkstoffes zum Kippen.

3. Verhalten des Werkstoffes bei der Beanspruchung durch diese Kräfte. Betrachtet man die Schnittfläche eines Stückes Quadrateisen, so kann man an ihr vier Zonen unterscheiden (Abb. 8): Zone 1 und 4 sind die Abdrücke der Schneiden. Zone 2 ist, am Glanz und an der Glätte erkenntlich, die eigentliche Schnittfläche. Zone 3 ist matt und körnig, also Bruchfläche und, wie die Seitenansicht (ganz rechts) zeigt, nicht eben, sondern beinahe S-förmig. Danach würde der

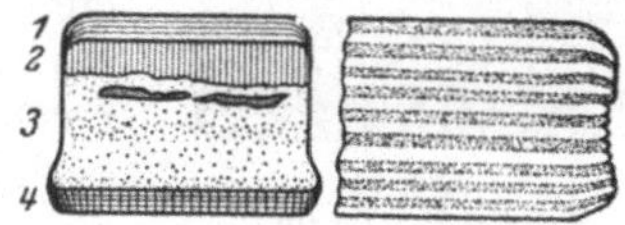

Abb. 8. Schnittzonen.

Schnittvorgang also folgendermaßen ablaufen: Die Schneiden pressen sich in den Werkstoff, bis der eingeleitete Druck die Größe des Stoffwiderstandes überschreitet. Unter dem Einfluß der Schubspannung erfolgt ein Schnitt. Der Bruch ist eine Folge von Druckbeanspruchungen über die Quetschgrenze hinaus. Stellt man einen Versuch mit sehnigem Eisen an, so kann man beobachten (Abb. 9), wie sich die Schneiden zunächst in den Stoff pressen, und wie mit dem Wachsen der Berührungsflächen das Eisen sich zwischen den Schneiden schräg stellt, wie bei weiterer Steigerung der Druckkräfte die äußeren Fasern zerschnitten werden, wie dann mehr oder minder plötzlich durch einen Bruch längs einer geschwungenen Linie unter Abnahme der Druckkräfte P die Trennung erfolgt. Legt man in entsprechenden Punkten der Trennungsfläche Tangenten an die Verbiegung der Fasern, so zeigt sich, daß diese von

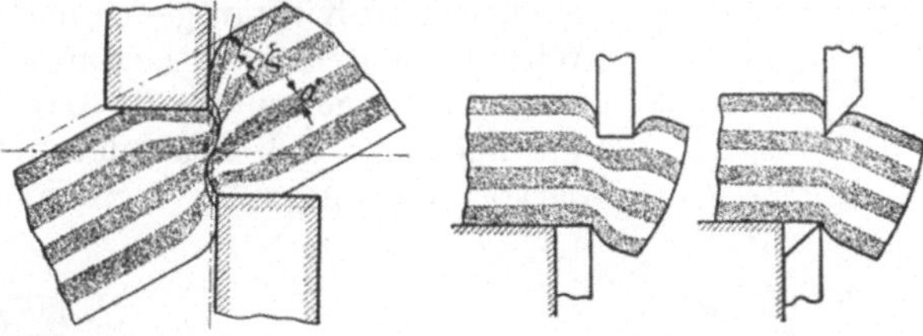

Abb. 9. Verhalten sehnigen Eisens.   Abb. 10. Einfluß des Niederhalters auf die Formänderung.

der Mitte nach den Rändern zu steiler werden, d. h.: die Formänderung und damit die Beanspruchung ist in der Mitte nicht so groß wie am Rand. Von einer gleichmäßigen Spannungsverteilung über die Trennungsfläche kann also keine Rede sein. — Bei Verwendung einer Niederhaltvorrichtung sind die Formänderungen, die die beiden Schneiden hervorrufen, in bezug auf eine Mittellinie nicht mehr symmetrisch, sondern verlaufen etwa nach Abb. 10. Die merklichen Verquetschungen und Verkrümmungen nicht nur der Querschnittsform, sondern auch an den abgeschnittenen Stücken sind zu beachten, auch wenn sie bei einer im Verhältnis zur Stärke größeren Breite des abgeschnittenen Streifens nicht so sehr ins Gewicht fallen, weil sich die Bewegungen in diesem Falle über eine größere Stofflänge verteilen und dabei entweder durch die Elastizität des Stoffes ausgeglichen oder namentlich bei dünnen Blechen durch die herrschende hohe Reibung an Ober- und Unterfläche des Bleches überhaupt verhindert werden. Doch zeigen diese Verquet-

schungen und Verkrümmungen, daß die Kraftwirkungen der Schneiden sich nicht
auf die Querschnittsfläche beschränken, sondern auch den umgebenden Werkstoff
in Mitleidenschaft ziehen. Hieraus ist zu schließen, daß ein Fließen des Werkstoffes den Trennungsvorgang begleitet. Dies Fließen ist in beiden Ebenen senkrecht zu den Schneiden, also in der Blechoberfläche (Abb. 9) und Querschnittsebene (Abb. 11) des Bleches zu erkennen. Weiter zeigt Abb. 10 deutlich die Ab

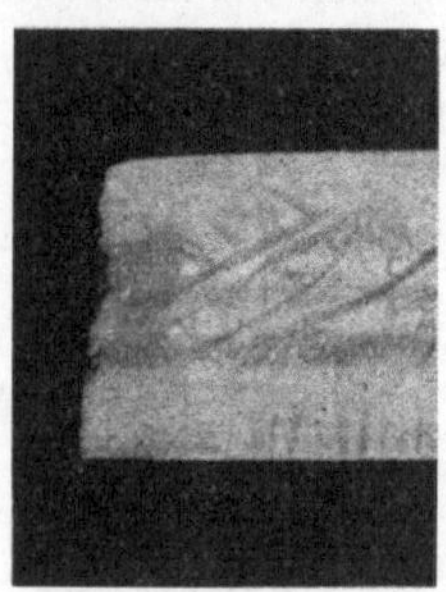

Abb. 11.
Fließfiguren im Blech.

biegung an, der der Stoff beim Abschneiden unterworfen
ist. Das eigentliche Problem des Schnittvorganges ist durch
ein zweites überdeckt. Beim Abschneiden verhält sich der
durch die Niederhaltvorrichtung festgehaltene Stoff wie ein
einseitig eingespannter Stab, der dicht an der Einspannstelle
durch eine Kraft belastet ist. Abbiegungen ähnlicher Art
treten auch zutage, wenn die Schnittform ein in sich geschlossener Linienzug ist. Den Stoff kann man dann als
eine mehr oder minder frei aufliegende Platte ansprechen,
die nahe der Auflagelinie eine Belastung erfährt. Durch
einen einfachen Versuch kann man sich die Vorstellung
erleichtern: Ein leicht eingefärbter Kautschukstempel ergibt
einen über seine ganze Fläche gleichmäßigen Abdruck. Ein
ebenso behandelter Messingstempel dagegen färbt bei gleicher

Anpressung nur an seinem Umfange ab. Daraus geht hervor, daß unter der Randbelastung das Werkstück sich wölbt, von der Stempelmitte weg. Beim Kautschukstempel stauchen sich nun aber von einer bestimmten Anpressung an die Außenkanten des Stempels, so daß die Stempelfläche sich also der Wölbung des zu
bedruckenden Stoffes anpaßt. Der Vergleich lehrt, daß die Elastizität bzw. die
Härte der Schneidenkanten nicht ohne Einfluß auf den Schnittvorgang ist.

4. Der Schnitt mit Scherschräge. Die Schräge in Abb. 12, hervorgerufen dadurch, daß $\omega > 0$ ist, dient dem Zweck, einen namentlich bei längeren Schnitten

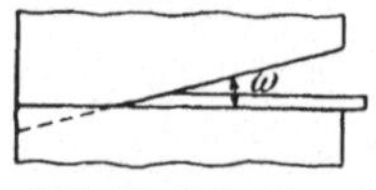

Abb. 12. Schnitt mit
Scherschräge.

erwünschten Kraftausgleich herbeizuführen. Abb. 13 zeigt die
Wirkungen der Scherschräge auf den Kraftverbrauch in der
Kraftlinie A gegenüber B. Das Verhalten des Werkstoffes in
verschiedenen sich folgenden Schnittstufen geht aus Abb. 14
hervor. Hervorgerufen werden diese aus der Erfahrung be

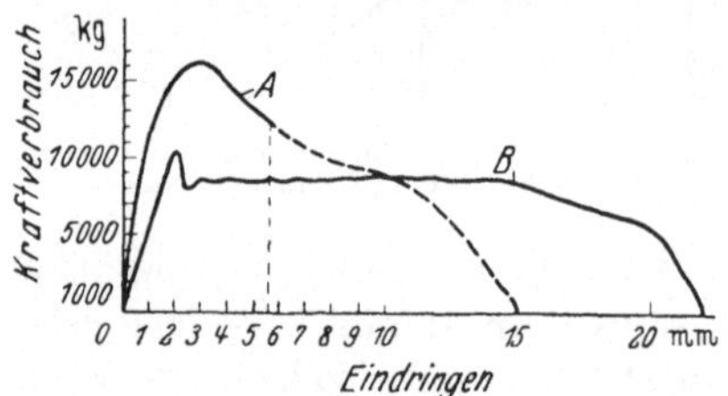

Linie A: Parallele Schneiden $\beta = 85°$, $\omega = 0°$
Linie B: Schräge Schneiden $\beta = 80°$, $\omega = 10°$

Abb. 13. Kraftbedarf beim Schneiden von Eisen
45 × 15 mm.

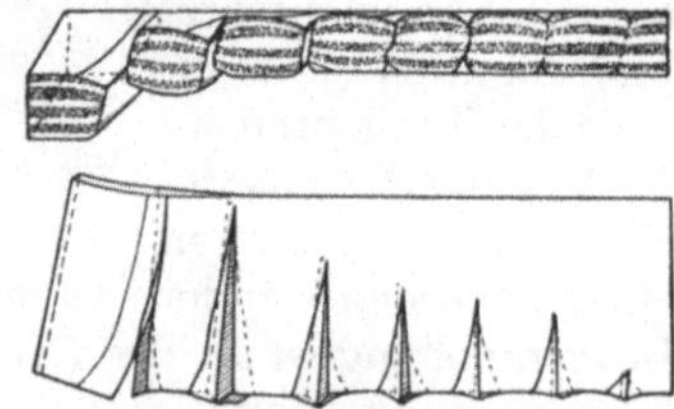

Abb. 14. Verhalten der Werkstoffe beim Schneiden
mit Scherschräge, in 7 Schnittstufen dargestellt.
Im Aufriß ist durch Einzeichnen von Schichten
die Verteilung der Formänderung über die vordere
senkrechte Blechbegrenzungsfläche angegeben.

kannten Erscheinungen durch das aus Abb. 15 erkenntliche Kräftespiel: Der Werkstoff werde unter einem Winkel $\omega/2$ gegen die Schneiden geführt. Die Kräfte
wachsen bis zu dem Augenblick, in dem der Bruch eintritt. P an der Scherschräge,
rechtwinklig zur Schneide, wirkt in zwei Richtungen: P_s unter ω gegen P geneigt,
ist die schneidende Kraft, und rechtwinklig zu P_s ist P_w bestrebt, den Werkstoff von
der Schneide wegzudrängen. In dem Augenblick also, wo P_w die Größe der Reibung

des Werkstückes zwischen den Schneiden erreicht, wo $P_w \approx 2 \cdot P_s \cdot \mu$ wird, wenn μ die Reibungszahl bedeutet (μ ist um so geringer, je sauberer die Schneiden hergestellt sind), ist ein sicherer Schnitt nicht mehr gewährleistet, solange nicht eine unbedingt zuverlässige Festhaltevorrichtung und eine starre Werkzeugführung hinzutreten.

5. Verhalten des Werkstoffes vor der Scherschräge. Die technische Unmöglichkeit, die Kräfte P genau in der Schnittebene angreifen zu lassen, verursacht bei parallelen Schneiden ($\omega = 0$) mit spitzem Keilwinkel das Auftreten des Biegungsmoments $P \cdot l$ (Abb. 7). Auf dieses wieder war die Biegung

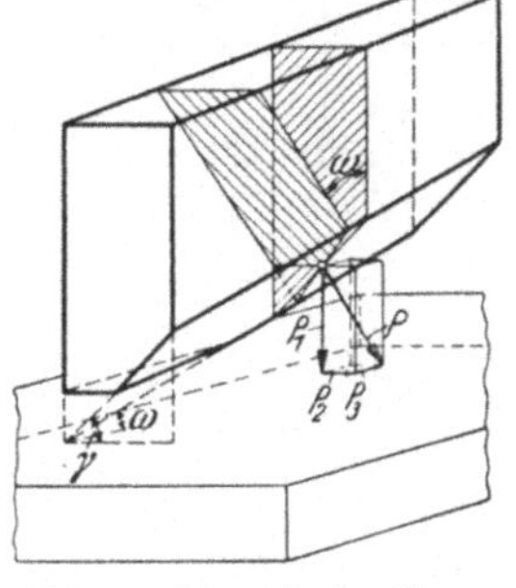

Abb. 17.
Abbiegung des Bleches beim Anschneiden.

Abb. 18.
Weitere Abbiegung beim Schneiden.

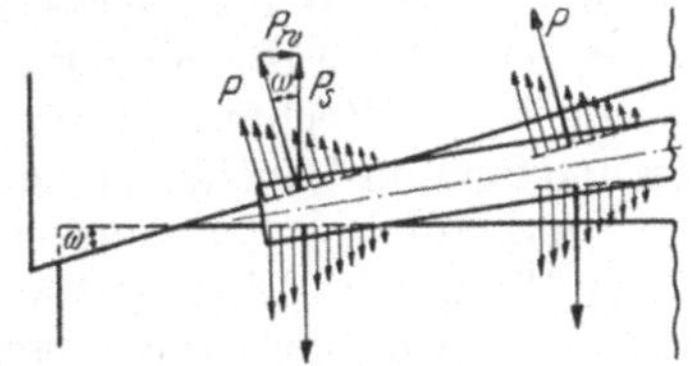

Abb. 15. Kräfte an geneigt stehenden Messern.

Abb. 16. Schneidendes Messer.

des Werkstoffes aus der Waagerechten um die Schnittlinie (Trennlinie), wie sie Abb. 9 u. 10 zeigt, zurückzuführen. Da die Schnittlinie jetzt schräg liegt (Abb. 16), wirkt sich die Abbiegung in der waagerechten und senkrechten Ebene aus (Abb. 17), und zwar vollzieht sich unter dem Einfluß von P_1 die Biegung in der Senkrechten, von P_2 in der Waagerechten. P_3 versucht den Werkstoff vor der Schneide wegzuschieben. Nach der Abtrennung wird weiter Kraft auf den Werkstoff übertragen, was zu einer weiteren Abbiegung nach Abb. 18 führt. Je schmaler der abgeschnittene Streifen ist, um so deutlicher vermögen sich diese Erscheinungen bemerkbar zu machen. Bei ganz schmalen Streifen gleicht der Abschnitt einem Span.

In dem Maße, wie der Winkel ω der Scherschräge wächst, verringert sich die Größe der Scherkraft (Abb. 19); denn bei einer zur Verfügung stehenden Kraftäußerung P (Abb. 15) ist $P_s = P \cdot \cos \omega$. Je größer ω, desto kleiner wird also P_s, desto größer aber $P_w = P \cdot \sin \omega$, die Kraft, die den Werkstoff vor der Schneide herzuschieben versucht. Gleichzeitig muß aber auch zur Vollendung der Trennung der Hub wachsen. Schließlich gewinnen die Biegungsmomente mit wachsendem ω derart an Wirksamkeit, daß die Trennung teilweise durch Zerreißen erfolgt. Infolgedessen wählt man in der Praxis ziemlich allgemein für ω Winkel nur bis zu 12°.

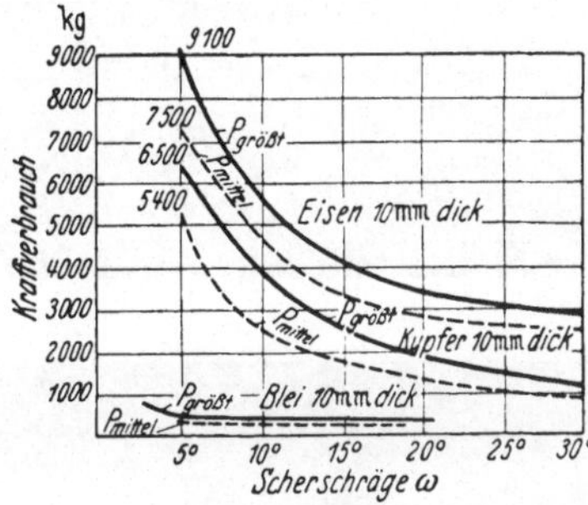

Abb. 19. Einfluß der Scherschräge auf den Kraftverbrauch.

6. Der Lochvorgang. Grundsätzlich ist das „Lochen im engeren Sinne" auch ein Schnittvorgang, dem eine besondere Betrachtung nur dann zukommt, wenn der Stempeldurchmesser im Vergleich zur Werkstoffdicke so klein ist, daß sich die Wirkungen der an den Schneidenkanten angreifenden Kräfte nach einem durch die Kreisform des Ausschnittes bedingten Gesetz gegenseitig beeinflussen. Der Abfall beim Lochen, das bekannte Bild eines Putzens (Abb. 20), läßt deutlich die Einzelvorgänge beim Schnitt erkennen: Zunächst verbiegt sich der Werk-

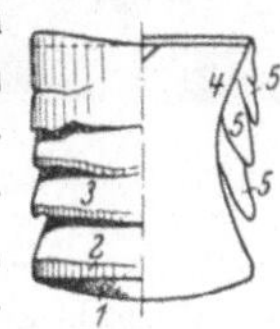

Abb. 20. Putzen.

stoff unter dem Schnittdruck (*1*) wie eine frei aufliegende Platte. Die Druckkräfte überschreiten eher die Quetschgrenze, als die im Werkstoff erzeugte Schubspannung seinen Widerstand überwindet. Infolgedessen bildet sich vor dem Stempel ein Fließkegel aus (*4*), der den umgebenden Werkstoff zur Seite preßt. Wegen seiner Einschnürung in der Mitte kann der Putzen nicht herausfallen, der Stempel muß wie ein Stoßstahl den umgebenden Werkstoff (*5*) wegräumen. Der Bruch beginnt vor der Schnittplatte (*3*) nach kurzem Einschneiden derselben in den Werkstoff (*2*). BACH ist diesen Erscheinungen mit Versuch und Rechnung nachgegangen und fand für Weicheisen die in Abb. 21[1] dargestellte Spannungsverteilung im Werkstoff. Die eingetragenen Zahlen geben die Druck- (ausgezogene Linien) bzw. Schubspannungen (punktierte Linien) in kg/cm² wieder. Dabei zeigt sich, daß die Schubspannungen sich schnell verlaufen. Nur unmittelbar vor der Stempelschneide herrschen Spannungen, die die Werkstoffestigkeit übertreffen. Die Druckspannungen machen sich hingegen weit bis in den Werkstoff

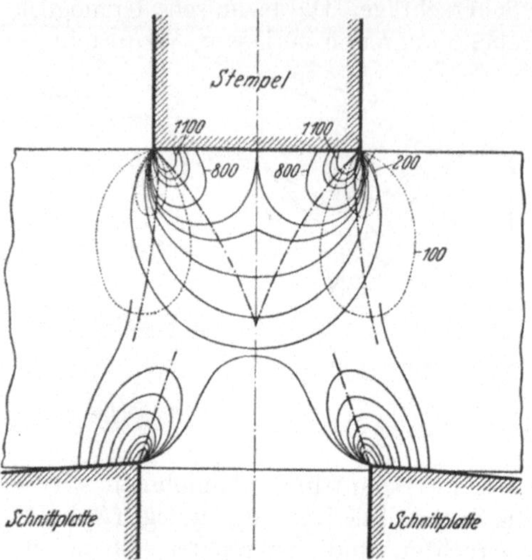

Abb.21. Spannungsverteilung im Werkstoff beim Lochen.

——————— Druckspannungen ⎫ eingeschriebene Zahlen
·········· Schubspannungen ⎰ = Größe der Spannung
– · · · · — Linie der größten Druckspannungen
 ·—··— Linie der größten Schubspannungen

hinein bemerkbar. Die Bestätigung hierfür gibt Abb. 22 u. 23, aus denen einmal die Gefügeänderung des Werkstoffes hervorgeht (Ätzung auf Rekristallisation), das andere Mal der Kraftlinienverlauf (Ätzung auf Kraftwirkungslinien). Es ist bemerkenswert, daß ein Teil der Belastung von dem Verhältnis der Härte des Stempels zu der des Werkstoffes abhängig ist; denn sie wird durch Stauchung der Stempelkanten bedingt, d. h. der Stempel paßt sich an die Verbiegung des Putzens an.

7. Gegenseitige Beeinflussung von Schneidenwirkungen nach anderen Gesetzmäßigkeiten.

Beim Lochen ist die gegenseitige Beeinflussung der Schneidwirkung in jedem Punkte der Schneide gleich, bei unter einem spitzen Winkel sich treffenden Schneiden, einsprin

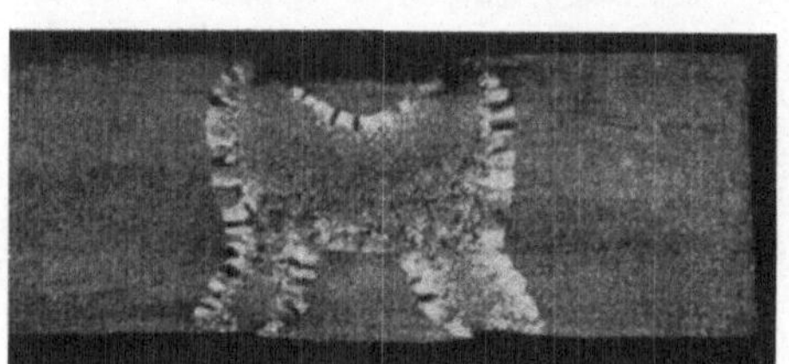

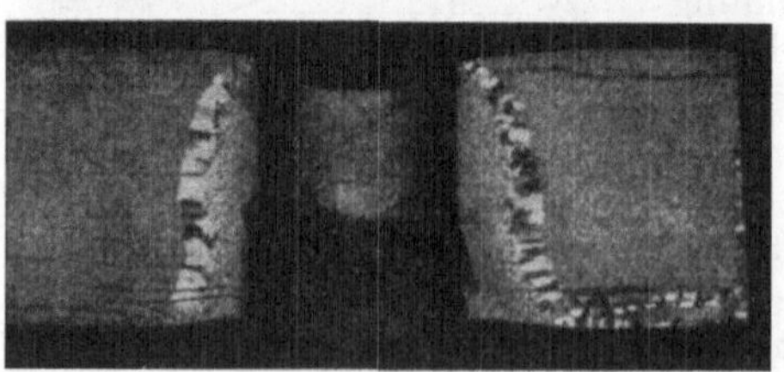

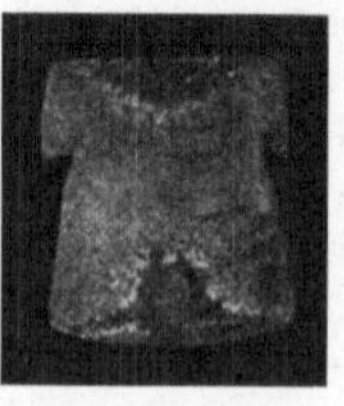

Abb. 22. Form- und Gefügeänderung beim Lochen.

gend oder vorspringend, nimmt die gegenseitige Beeinflussung vom Scheitelpunkt des Winkels aus ab, bis sie schließlich ganz aufhört (Abb. 24). Besonders kritisch

[1] Abb. 21···23 aus E. L. BACH: Dr.-Ing.-Dissertation. Karlsruhe 1923.

werden die Verhältnisse auf der Innenseite des Scheitels: An dieser Spitze vergrößert sich das Spiel zwischen den Schneiden plötzlich, ganz abgesehen von den Schwierigkeiten der sauberen Schneidenherstellung an diesen Punkten. Dadurch erhält der fließende Stoff große Bewegungsfreiheit, bildet Grat, verliert jeden Widerstand gegen die übrigen formändernden Bewegungen, verliert das Federungsvermögen. Der Erfolg ist, daß die Spitze meistens vollständig verformt ist. Die

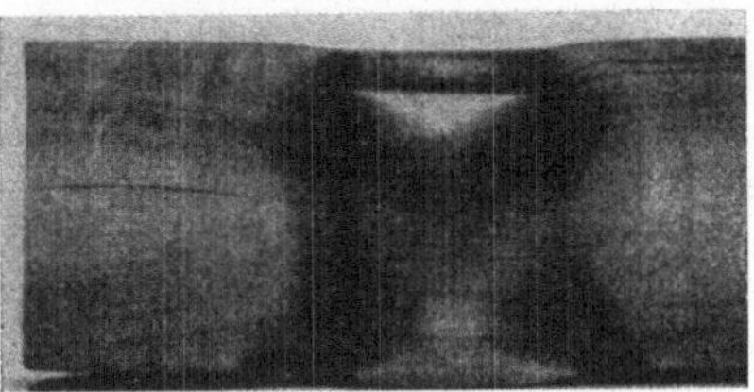

Abb. 23. Spannungen beim Lochen, sichtbar gemacht durch Ätzen.

hierbei auftretenden Reibungskräfte verschleißen die Spitze der Schneide stark. — Auch parallel verlaufende Schnittkanten können sich gegenseitig beeinflussen, wenn sie eng aneinanderrücken. Solange der Streifen dabei nicht seinen Zusammenhang überhaupt verliert, ergeben sich zwei Verformungsbilder, wie das Beispiel des Streifenschneidens in Rollenscheren (Abb. 25) am besten zeigt. Auch hier ver-

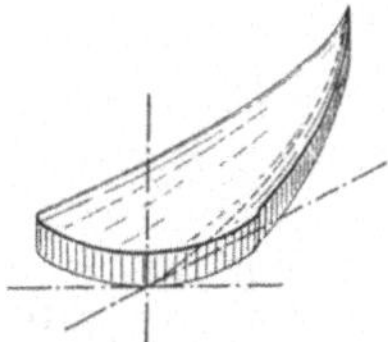

Abb. 24. Schnittergebnis, wenn zwei Schneiden unter spitzem Winkel zueinander stehen.

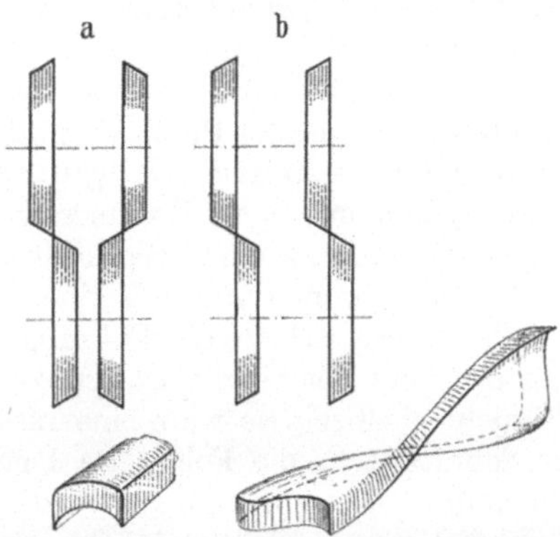

Abb. 25. Verformung bei parallelen Rollmessern.

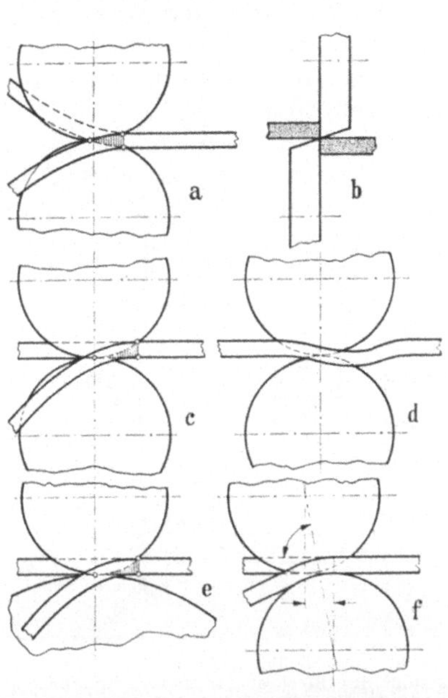

Abb. 26. Blech vor den Rollmessern.

stärken die gegeneinander gerichteten Kräfte das Fließen und die damit zusammenhängende Erscheinung des Zerquetschens. Bei gleichgerichteten Scherkräften ist die Verformung an den beiden Schneiden entgegengesetzt gerichtet: Verformung durch Verziehen.

Man beachte in diesem Zusammenhang auch Abschn. 29, der die Beeinflussung der Streifenbreite durch den Fließvorgang bei aufeinanderfolgenden Schnitten behandelt.

8. Schneiden mit Rollmessern. *a) Bei geradlinigem Schnitt.* Abb. 25 läßt für den Fall des Schnittes mit scheibenförmigen Messern Besonderheiten erwarten. Für den Schnittvorgang ist das schraffierte Scherdreieck (s. Abb. 26a) bezeichnend. Sind die Messer genau gleich groß und stehen die Messermittelpunkte genau übereinander, so ist die Verformung am beschnittenen und am abgeschnittenen Streifen gleich. Die Scherschräge wird zwar in jedem Punkte des Messerumfanges nach dem Berührungspunkte zu kleiner und schließlich null, ist aber am Ober- und Untermesser gleich groß und entgegengesetzt gerichtet. Durch dieses „Gegeneinanderarbeiten" zweier Scherschrägen ist der Gesamtwinkel der Scherschräge groß. Durch das damit zusammenhängende Auseinanderbiegen der Streifen findet beim Schneiden stellenweise ein Reißen statt (Schnittflächensauberkeit!).

In dem Augenblick, in dem das eine der entstehenden Stücke Abfall ist, braucht man nicht mehr auf gleichmäßige Verformung der beiden Teile zu achten, sondern verlegt die Verformung auf den Abfall dadurch, daß man diesen vor den größeren Scherwinkel schiebt.

Dies kann geschehen:

1. durch Höherlegen der Blechstützungsebene, so daß das Untermesser gewissermaßen nur Stützrolle und Gegenlager wird (Abb. 26c). Nachteilig ist hierbei, daß die größte Kraftwirkung vor den eigentlichen Stützpunkt fällt (Abb. 26d).

2. durch Vergrößerung des Untermesserdurchmessers kann man dieser Durchfederung entgegenwirken bzw. die Stützung verbessern (Abb. 26e).

3. Unmittelbar unterstützen kann man den Punkt mit der größten Krafteinwirkung aber nur, wenn man den Einschiebewinkel des Bleches gegen die Verbindungslinie der Messermittelpunkte an der zu stützenden Seite kleiner als 90° macht (Abb. 26f).

b) Zum Rundschneiden genügt es, die Schere mit einem Bügel auszustatten, der das Blech in seinem zukünftigen Mittelpunkt drehbar festhält. Mit abnehmender Durchmessergröße des Rundschnittes wird diese Art ungenau, wie die schematische Darstellung in Abb. 27 zeigt. Die Messer dringen bei dem Punkte Z bereits in den Werkstoff ein und sind nunmehr bestrebt, diesen geradlinig von Z nach O zu führen. Da aber der Punkt Z auf dem Kreisbogen mit dem Radius r_1 liegt, O auf einem solchen mit r_2 als Halbmesser, so widersetzt sich die zwangsläufige Führung des Werkstoffes im Punkte M einer solchen Bewegung. Hätte die Führung im Punkte M kein Spiel und wäre der Werkstoff nicht elastisch, so wäre eine unsaubere Schnittfläche die Folge. Da beides wohl kaum vorkommen dürfte, wird also die Schnittkurve zwischen den durch die Radien r_1 und r_2 bestimmten Kreisbögen

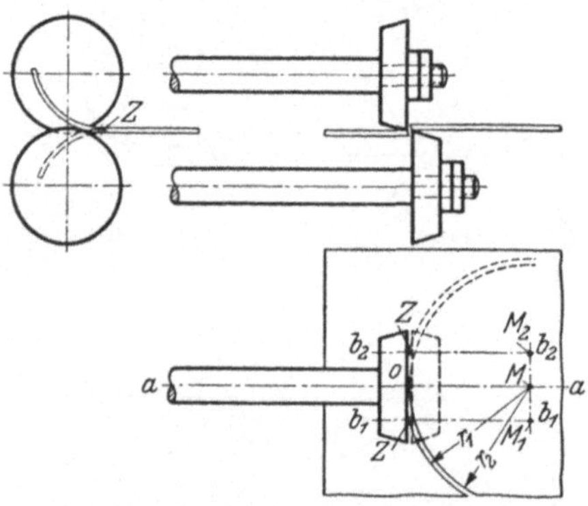

Abb. 27. Kurvenschneiden mit kreisförmigen Messern. Bei Z stößt das Blech an die Messer. Erst bei O erfolgt Schnitt. Blech pendelt zwischen den Messern um den Betrag $r_1 - r_2$.

hin und her pendeln und an solchen Stellen, wo unter den Messern eine radiale Bewegung des Werkstoffes stattfand, die Schnittfläche ungenau werden: der Werkstoff wird gedehnt und aufgebogen. Auf die Beeinflussung des Schneidenzustandes durch solche Vorgänge (Stumpfwerden, Brechen) soll hier nicht eingegangen werden. Abhilfe ist dadurch zu schaffen, daß man den Drehpunkt M während des Schneidens zwischen M_1 und M_2 pendeln läßt, so daß also die Werkstoffachse $b_1 - b_1$ im Abschnitt ZO parallel zur Maschinenachse $a - a$ verläuft. Die Länge der

Strecke *ZO* ist abhängig von Messerdurchmesser (ein bestimmter Radius darf nicht unterschritten werden, damit sich beim Einführen des Werkstoffes keine Schwierigkeiten ergeben), Werkstoffdicke und Entfernung der Messer voneinander. Ihr Einfluß wird um so stärker fühlbar sein, je schärfer die Kurve ist. Es ist leicht einzusehen, daß, je kleiner die Strecke *ZO* ausfällt, um so geringer die sich ergebenden Schwierigkeiten werden. Durch Änderung der Messerstellung kann man bis zu einem gewissen Grade diesem Ziele näherkommen. In Abb. 28 ist das untere Messer unter einem Winkel gegen das obere geführt und das Messer in seinem Profil so umgestaltet, daß die Schnittwinkel in der Achse a—a die gleichen geblieben sind. Durch dies Herausklappen des Untermessers aus der Schnittebene c—c wird erreicht, daß die beiden Messer nur auf eine beschränkte Breite in Schnittnähe aneinanderkommen, die Strecke *ZO* sich also verkleinert. Dasselbe gilt natürlich für alle Kurven, die ähnlich wie der bisher besprochene Kreisbogen verlaufen. Bei entgegengesetzten Krümmungen dagegen, d.h. bei solchen, bei denen der Punkt M bzw. M_1 oder M_2 nicht mehr außerhalb des Scherenkörpers liegt, sondern auf die Maschinenseite der Messer rückt, ergeben sich wieder Schwierigkeiten. In diesem Falle erhält auch das Obermesser eine Neigung (Abb. 29).

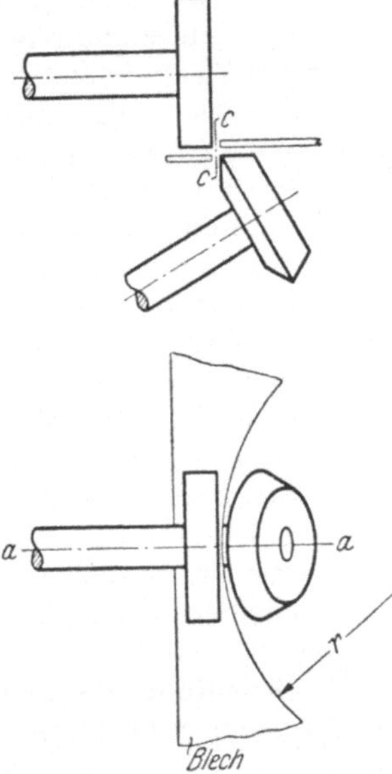

Abb. 28. Geänderte Messerstellung zwecks Verkleinerung der Strecke *ZO* (Abb. 27).

B. Reibung und Schnitt.

9. Ursache der Reibung. Wo Bewegungen unter einer Kraftwirkung ausgeführt werden, tritt auch Reibung auf, die um so größer ist, je größer die Kraft senkrecht zum Weg und je größer die Reibungszahl ausfällt. Die Reibungsarbeit steigt außerdem mit der Länge des Weges. Beim Schneiden ist also mit Reibung zu rechnen.

a) Zwischen Stempel und Schnittplatte bewegen sich die Schneidkanten gegenüber dem Werkstoff so lange, bis sie eingeschnitten haben. Diese Bewegung ist um so größer, je größer das Federungsvermögen des Werkstoffes und die Dicke des Bleches ist. Der Oberflächenzustand des Bleches (Verzunderung) entscheidet über die Höhe der Reibungszahl.

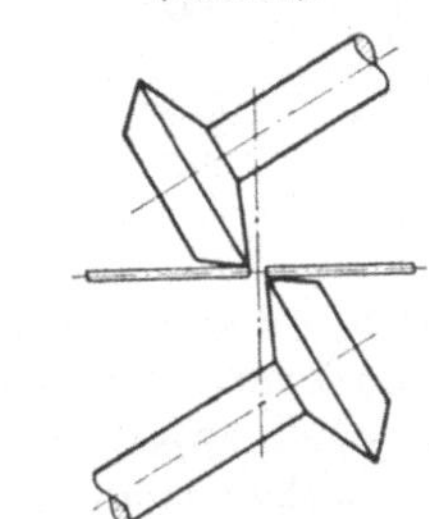

Abb. 29. Rollmesserform für ein- und ausgebogene Kurven.

b) Der Stempel reibt an dem stehenbleibenden Werkstoff und der ausgestoßene Putzen an der Schnittplatte. Die Reibung am Stempel geht hauptsächlich auf die Elastizität des Werkstoffes zurück; denn vor dem Stempel wird der Werkstoff zusammengedrückt und gedehnt. Die Schichten, die der Stempel schon durchschnitten hat, ziehen sich wieder zusammen und umklammern den Stempel (Abb. 30). In der Schnittplatte bilden sich die Kragen (Abb. 20, Zone 5 u. Abb. 22), die durch sie hindurchgequetscht werden und dabei Reibung erzeugen.

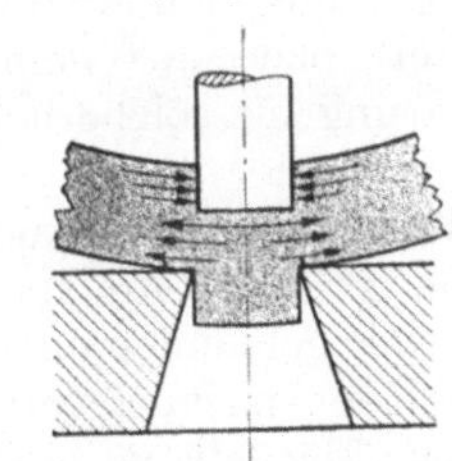

Abb. 30. Elastisches Festhalten des Werkstoffes am Stempel.

c) Die Reibung zwischen den Werkstoffteilen an der Trennfläche erklärt sich aus der durch Bruch erzeugten Form dieser Fläche und ihrer Rauhigkeit, wozu kommt, daß sie nicht mit der idealen Trennfläche zusammenfällt, sondern gegen diese geneigt ist. Je größer der Bruchanteil der Trennfläche, je stärker die Neigung der Bruchfläche gegen die ideale Trennfläche ist, desto größer die Reibung. Sie wächst also mit wachsender Dicke und wachsender Bruchneigung des Werkstoffes.

d) Auch innerhalb des Bleches äußert sich die Reibung beim Fließen. Je dicker das Blech, je ausgesprochener die Neigung zum Fließen, je höher der Druck, unter dem es erfolgt, desto größer ist diese Reibungsart. Auch ist eine gewisse Abhängigkeit von der Geschwindigkeit festzustellen. — Bei dünnen Blechen ist der innere Widerstand zuweilen so groß, daß keine Reibungsarbeit geleistet wird, weil keine Bewegung entstehen kann.

Kurz zusammengefaßt wird die Reibung beim Schnitt begünstigt durch: 1. das Federungsvermögen, 2. das Fließen des Werkstoffes und 3. die Rauhigkeit der Blechoberfläche und Bruchfläche. Die beiden Erscheinungen unter 1 und 2 treten um so deutlicher hervor, je dicker der Werkstoff und je ausgesprochener die genannten Stoffeigenschaften vorliegen. Dem Entstehen der Reibung entsprechen die Mittel zu ihrer Verkleinerung.

10. Zuschärfen der Schneiden. Je kleiner die ins Fließen gebrachte Menge Werkstoffteile ist, desto geringer ist auch die Reibarbeit. Dies kann durch Zuschärfen der Schneiden geschehen. Gleichzeitig wird damit die Berührungsfläche zwischen den Schneiden und dem Blech in der Zone der elastischen Formänderung kleiner und damit auch die hier entstehende Reibungsarbeit (siehe Abb. 10 rechts).

11. Bedeutung des Freiwinkels. Weiter ist der Reibungsweg in der Zone des Fließens und Schneidens durch Anschleifen eines Freiwinkels α an der Schneide

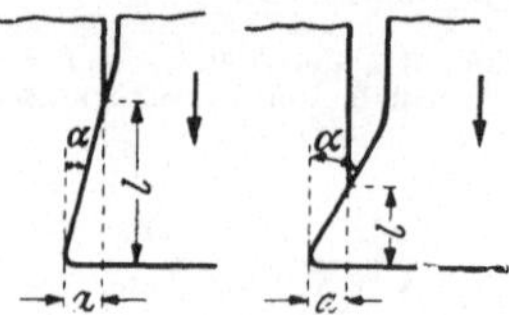

Abb. 31. Einfluß des Freiwinkels auf die Reibungsarbeit.

zu beeinflussen (Abb. 31). Die auftretende Reibungsarbeit ist abhängig vom Querschnitt des vorübergehend zusammengepreßten Werkstoffstreifens, dessen Tiefe a und dessen Länge l ist. a ist wiederum abhängig von der Elastizität des jeweils zu verarbeitenden Werkstoffes, l von der Größe des Freiwinkels α. Durch ein $a>0$ wird allerdings die ohnehin schon stark beanspruchte Schneide geschwächt. Aus diesem Grunde wählt man α nur bei besonderen Verhältnissen, wo besonders große Reibungen zu erwarten sind, >0, und zwar zu ungefähr $4\cdots6°$.

12. Spiel zwischen den Schneiden. Der dritte Weg zur Verkleinerung der Reibungsarbeit ist die Herabsetzung der Reibungszahl. Über die Größe ihrer Werte gibt die Tatsache ein Bild, daß die ausgeschnittenen Stücke so fest anhängen können, daß man sie durch Vorrichtungen vom Werkzeugoberteil abstreifen (Abstreifer) bzw. aus dem Werkzeugunterteil auswerfen (Auswerfer) lassen muß. Erklärung für solche hohe Reibzahlen gibt die Entstehung und das Aussehen der Schnittfläche. Die Trennung beginnt an den Schneiden unter dem Einfluß der größten Schubspannungen. Die schließlich durch diese hervorgerufene Trennfläche ist gegen die theoretische Schnittebene geneigt (bei weichem Eisen in der Nähe der Schneiden um etwa 7°). Im weiteren Verlauf vollendet ein Bruch zwischen den beiden parallel verlaufenden Anrissen den Schnitt (Abb. 32 A). Die schraffierten Flächen verhindern ein Herunterfallen des ausgeschnittenen Stückes. Räumarbeit des Werkzeuges und Reibungsarbeit zwischen Werkstück und Abfall müssen erst die Trennfläche glätten. Die Unebenheit fällt um so größer aus, je dicker das Werkstück ist. Dieser Erscheinung läßt sich bis zu einem gewissen Grade einfach entgegenwirken, indem man die Schneiden mit wachsender Werkstoffdicke aus der Schnittebene herausrückt (Abb. 32, B u. C). Allerdings fallen dadurch die Trennungsflächen etwas schräg aus, doch ist diese Neigung gering und fällt in der Praxis kaum ins Gewicht. Als praktisch brauchbar für den Zwischenraum (a') zwischen den Schnittkanten haben sich die Werte der Abb. 33[1] erwiesen. Statt

dieser Mittelwerte könnte man natürlich auch in Abhängigkeit von der verlangten Schnittflächengenauigkeit, ähnlich wie im Passungswesen, mehrere Tafeln mit verschiedenen Feinheitsgraden aufstellen.

Das Spiel zwischen den Schneiden spart also Kraft und Arbeit durch Herabsetzung der Reibungszahl. Das DRP. 312898

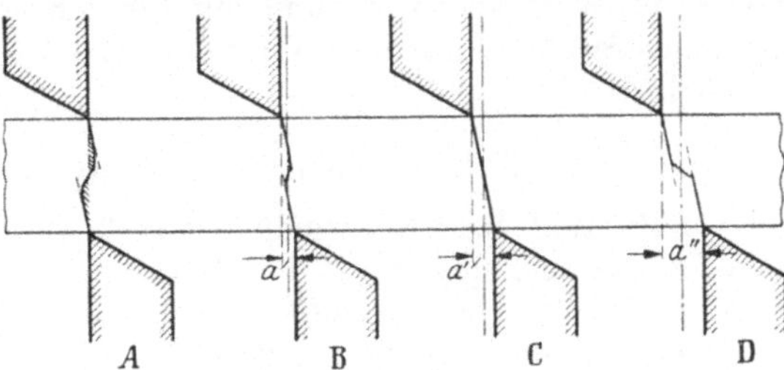

Abb. 32. Trennfläche in Abhängigkeit vom Schneidenabstand a, a', a''.

nützt die Vorteile des Spiels für das einfache Abschneiden starken Werkstoffes aus. In der Abb. 34 sind die Schneidkanten so zugeschliffen, daß der größeren Werkstoffhöhe auch das größere Spiel entspricht. Es gehören also zusammen: Werkstoffhöhen f_1 und Spiel a'; f_2 und a''; f_3 und a'''.

Bei Schnitten, die eine in sich geschlossene Linie als Umrißform zeigen, ist zu beachten, daß der Stempel das Lochungsmaß, die Schnittplatte das Ausschnittmaß angibt. Zur Herstellung eines Loches von 30 mm Durchmesser also muß der Stempel 30 mm Durchmesser haben, die Schnittplatte um das aus Abb. 33 ersichtliche Maß vergrößert werden. Zur Fertigung eines Plättchens von 30 mm Durchmesser muß die Schnitt-

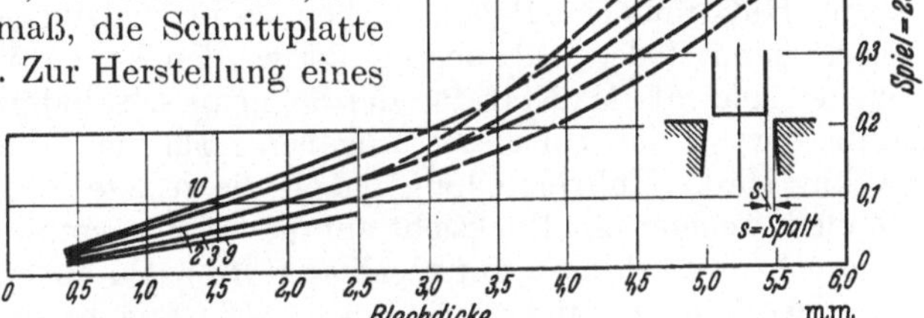

Abb. 33. Abhängigkeit der Anfangsspaltbreite von der Blechdicke.

1 = Stahl-, Stanz- und Tiefziehgüte; 2 = Dynamoblech mit kleinerem Si-Gehalt   3 = Dynamoblech mit großem Si-Gehalt;   4 = Stahlblech; 5 = Messing weich;   6 = Messing halbhart und hart;   7 = Kupfer weich; 8 = Kupfer halbhart und hart; 9 = Aluminium rein; 10 = Duraluminium.

platte 30 mm zeigen, der Stempeldurchmesser um das der Abbildung entsprechende Maß verringert werden. Zu berücksichtigen ist hierbei, daß der Stempel im Loch und das Plättchen in der Schnittplatte mit Preßsitz haften. Beim Austreten aus diesen ist ein Auffedern des Werkstoffes die Folge. Um genaue Maße zu erhalten, müssen Stempel bzw. Schnittplatten entsprechende Über- bzw. Untermaße haben. Zwei Gesichtspunkte bestimmen die obere Grenze bei der Festlegung des Spiels zwischen den Schneiden: Bei großen Spielen wird die Schnittfläche, besonders die Bruchfläche größer, die erzielte Krafterspsarnis also hinfällig (Abb. 32 D). Zweitens versucht der Werkstoff je nach der Neigung zum Fließen, zwischen die Schneiden zu dringen und an den Trennungsflächen Bärte zu hinterlassen. Nach amerikanischen

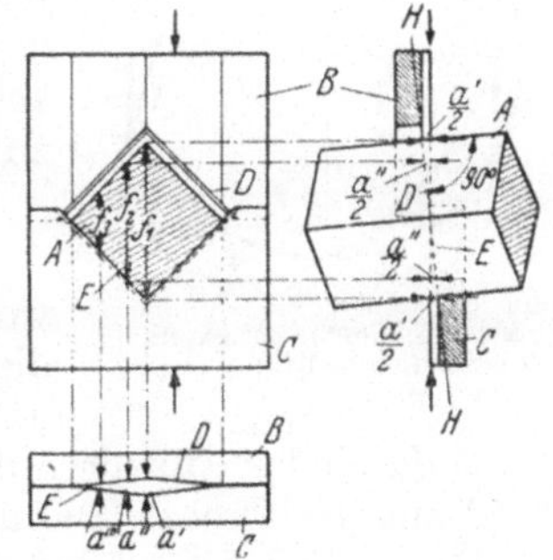

Abb. 34. Spiel zwischen den Schneiden durch Anschliff.

----

[1] GÖHRE: Werkstattechnik 1935 S. 313, Abb. 2.

Angaben liegt für weiches Eisen der kleinste Kraftbedarf bei einer Fluchtweite $2\,a'$ von etwa $^1/_5$ der Werkstoffdicke. In Fällen, wo eine Schrägstellung der Schnittfläche in diesem Maß nicht ins Gewicht fällt, mag man sich dieses Vorteils bedienen; für gewöhnlich geht man jedoch nicht über $^1/_{12}\cdots{}^1/_{16}$ Werkstoffdicke hinaus für a'. Der AWF empfiehlt für den einfachen Freischnitt $^1/_{10}\cdots{}^1/_{20}$ der Dicke als Spiel, die niedrigen Werte für zähen, die höheren für spröderen Werkstoff (s. auch Abb. 33).

C. Über die Schnittgeschwindigkeit.

13. Hubzahl als Geschwindigkeitsmaß. Von der Schnittgeschwindigkeit hört man im Zusammenhang mit dem Stanzen und Schneiden eigentlich nur, wenn es sich um selbsttätige Vorschübe an schnellaufenden Pressen handelt, oder es wird die Anzahl Hübe je Minute angegeben. So findet man meist Angaben wie:

Hubzahl bei schweren Pressen und Scheren . . . . . . 3 bis 35 je min

„ „ mittleren „ mit Rädervorgelege . . . 25 „ 100 „ „

„ „ leichten „ . . . . 100 „ 250 „ „

oder

Schnittgeschwindigkeit bei Rollscheren für Bleche unter 1 mm Dicke bis 60 m je min

„ „ „ „ „ bis 10 „ „ „ 20 „ „ „

„ „ „ „ „ über 10 „ „ „ 10 „ „ „

oder

Schnittgeschwindigkeit bei Tafelscheren . . . . 1 bis 2,5 m je min.

Bei solchen Feststellungen geht man von der Erwägung des Betriebes aus: Wieviel Hübe muß eine Presse machen, wenn das Laden des Werkzeugs y Sekunden dauert, damit jeder Hub ausgenutzt werden kann. Wie wenig solche Angaben geeignet sind, als Maßstab für die Schnittgeschwindigkeit zu dienen, geht schon daraus hervor, daß bei diesen Angaben noch nicht einmal die Größe des Hubes erwähnt wird. Hubverstellung haben die meisten Pressen nur aus praktischen Gründen, weniger mit Rücksicht auf die Schnittgeschwindigkeit, wie schon daraus hervorgeht, daß Pressen mit regelbarer Drehzahl äußerst selten sind.

14. Mittlere Schnittgeschwindigkeit. Die Angabe einer absoluten Geschwindigkeit ist deswegen so schwierig, weil sich die Stößelgeschwindigkeit c mit jeder neuen Stellung des Exzenters ändert: $c = w \cdot \sin\alpha$, wenn w die gleichbleibende Geschwindigkeit auf dem Kurbelkreis ist, und wenn man das Pleuelstangenverhältnis außer Betracht läßt. In Abb. 35 sind die Sinuswerte in den Kurbelkreis eingezeichnet. Die wirkliche mittlere Schnittgeschwindigkeit v_m ergibt sich als Mittelwert aus der Aufprallgeschwindigkeit v_a und der Geschwindigkeit v_e, mit der der Stempel den Werkstoff durchdringt, zu

$$v_m = \frac{v_a + v_e}{2},$$

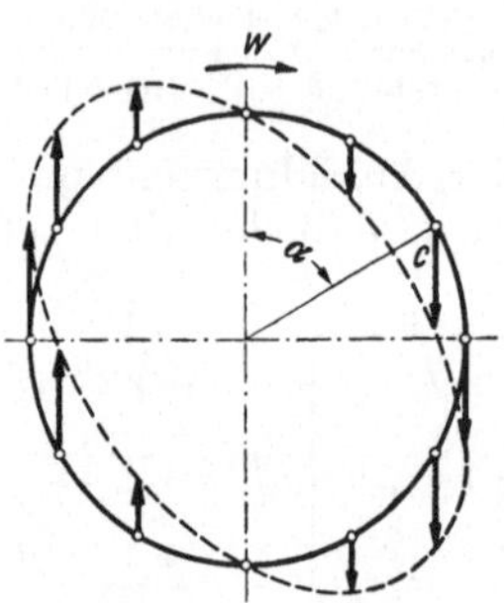

Abb. 35. Geschwindigkeitsdiagramm am Kurbelkreis.

wobei zu beachten ist, daß sich die Schnittgeschwindigkeit gegenüber dem erwähnten geometrischen Verhältnis verkleinert

1. durch das Auffedern des Pressenständers,
2. um den Drehzahlverlust des Schwungrades.

Das bedeutet also, daß zwei verschieden dicke Bleche, in demselben Schnittwerkzeug bearbeitet, mit verschiedenen mittleren Geschwindigkeiten geschnitten werden. Weiter verkleinert sich die mittlere Schnittgeschwindigkeit, wenn man den Stempel das Blech nicht ganz durchdringen läßt. Umgekehrt vergrößert sie sich, wenn man den Stempel in die Schnittplatte eintreten läßt (Einrichter!). Bei gestaffelter Anordnung der Stempel schneiden also die betreffenden Stempel mit verschiedenen mittleren Geschwindigkeiten.

15. Ergebnis der bisher vorliegenden Versuche. Unter diesen Umständen ist es nicht verwunderlich, wenn die bisher vorliegenden Versuche über die Schnittgeschwindigkeit beim Stanzen nicht zu einheitlichen Ergebnissen geführt haben. Soviel ist jedoch zu erkennen, daß

1. der sich einstellende Höchstdruck mit wachsender Geschwindigkeit infolge der Stoßwirkung zunimmt, und

2. über den zur Trennung notwendigen Arbeitsbedarf ein Gleiches nicht ohne weiteres gesagt werden kann. Entscheidend ist vielmehr, in welchem Maße bei dem jeweiligen Werkstoff die erzeugte höhere Pressung der Trennung zugute kommt. Durch Steigerung der Geschwindigkeit hervorgerufene oder verstärkte Erscheinungen wie Erschütterungen, Schwingungen, Schall usw. sind ein Zeichen dafür, daß der Mehraufwand an Kraft vom Werkstoff nicht aufgenommen, sondern an die Umgebung abgegeben wird. Bei Werkstoffen mit großer Neigung zum Fließen wird ein Teil der Kraft dazu verwandt, die für die Bewegung der Massenteilchen notwendige größere Beschleunigung zu erzeugen. Bei abnehmender Neigung zum Fließen wird aber die Menge des fließenden Werkstoffes immer geringer und damit

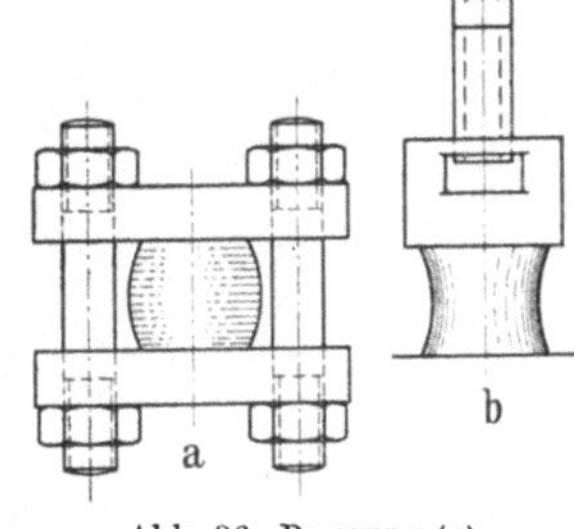

Abb. 36. Pressung (a) und Schlag (b).

auch der Einfluß der Beschleunigungskräfte auf den Arbeitsaufwand zur Trennung, weil zu dieser Bewegung keine Zeit mehr bleibt. Entscheidend ist die Berührungszeit zwischen Werkzeug und Werkstoff, wie die Abb. 36 sinnbildlich zeigt: Je kürzer die Berührungszeit, desto weniger dringen die Kraftwirkungen in das Innere des Werkstoffes. Es muß also im Hinblick auf Abb. 36 u. 22 eine Geschwindigkeit geben, bei der Schlag und Pressung an Oberfläche und im Inneren des Werkstoffes die gleiche und damit schmalste Form und geringste Gefügeänderung hervorrufen.

16. Aufprallgeschwindigkeit. Eher als bei dem zu bearbeitenden Werkstoff findet die Steigerung der Schnittgeschwindigkeit in der begrenzten Stoßbelastung des Stempels eine Grenze. Es ist üblich, den Schnittvorgang in die untere Hälfte des Exzenterkreises (s. Abb. 35) zu legen.

Daraus ergibt sich, daß die Aufprallgeschwindigkeit des Stempels größer ist als die Geschwindigkeit beim Durchdringen des Bleches und daß die Geschwindigkeit beim Schneiden immer geringer wird. Günstiger für die Beanspruchung des Stempels wäre es, sanft anzusetzen, langsam anzuschneiden und die Geschwindigkeit stoßfrei zu vergrößern, wenn der Höchstdruck überwunden ist. Das kann man durch Verlegen des Schnittvorganges in die obere Hälfte des Kurbelkreises erreichen (Abb. 35). Bei dieser Arbeitsweise sollte man selbst so spröde Stoffe wie Hartmetall für den Bau der Werkzeuge verwenden können, ohne niedrigere Hubzahlen anwenden zu müssen. Allerdings ist dann der Platz unter dem stillstehenden Werkzeug niedriger, und der Schnittstempel geht nach dem Durchdringen des Bleches sehr tief in die Schnittplatte hinein.

Die Abb. 37 soll es der Werkstatt erleichtern, sich über die Aufprallgeschwindigkeit Rechenschaft zu geben, weil damit manches Geheimnis, das über dem vorzeitigen Verschleiß der Schneiden liegt, gelüftet werden kann. Die Zahl der Arbeitshübe ist allein kein Maßstab für die Leistung der Schneiden. Wichtig ist die Zeit, in welcher diese Hübe erfolgen. Durch den Aufprall werden die Werkzeuge in

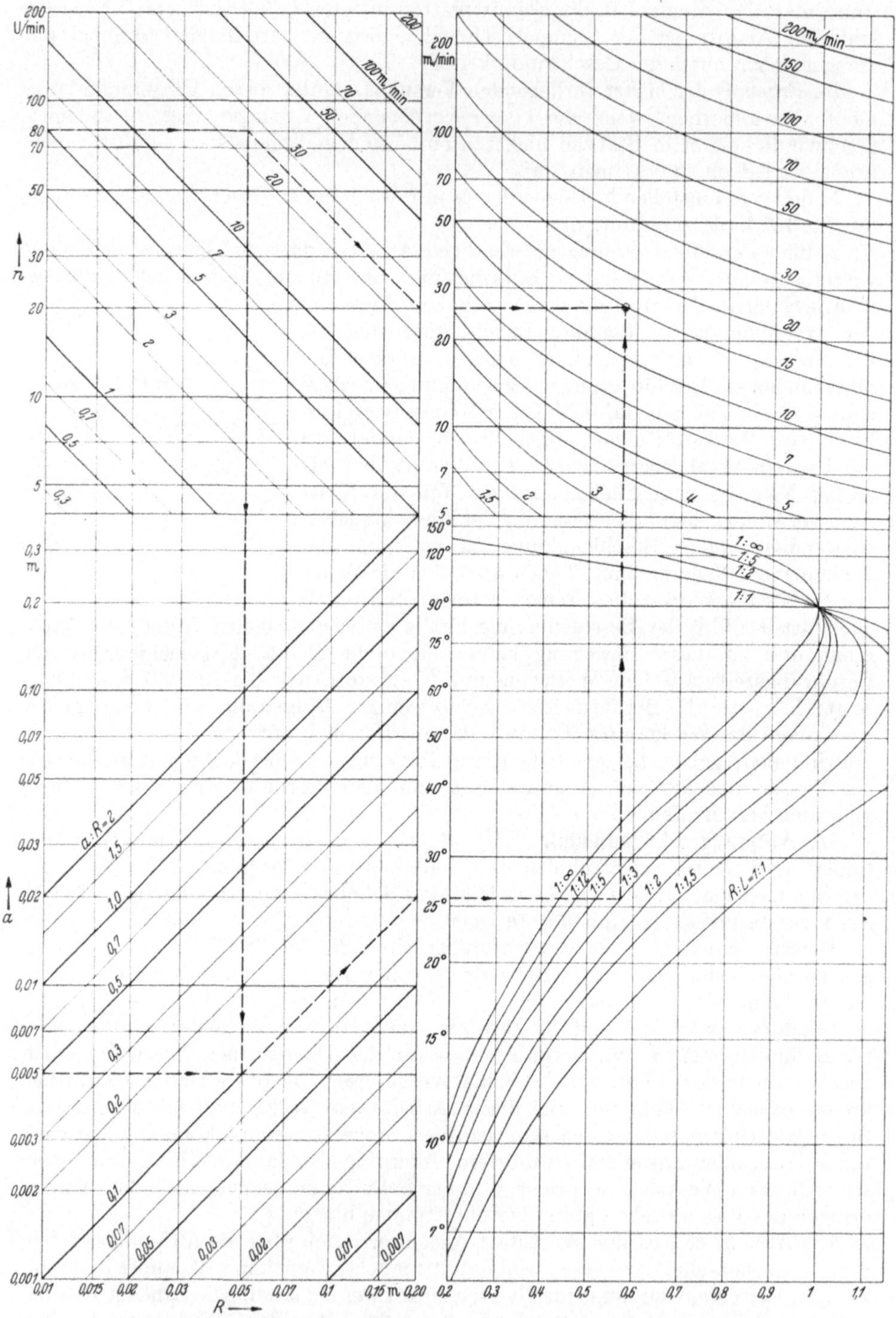

Abb. 37. Nomogramm zur Bestimmung der Auftreffgeschwindigkeit des Pressenstößels.

(Legende siehe Seite 17)

Schwingungen versetzt. Je härter der Aufprall, desto länger brauchen die Schwingungen, um abzuklingen. Erfolgt ein neuer Aufprall, ehe die Schwingungen abgeklungen sind, so schaukeln sie sich auf oder sie vernichten einander. Beides geht zu Lasten der Schneidhaltigkeit.

D. Untersuchung von Schnittdiagrammen.

17. Das ideale Scherdiagramm (Abb. 39). Wollte man das reine Scheren im Diagramm darstellen, so ergäbe sich ein Rechteck, dessen eine Seite die Scherkraft, dessen andere Seite die Zeitdauer oder den Weg bezeichnet, längs dessen die Scherkraft wirken muß, um die Trennung durchzuführen. Es bedeutet, daß die gesamte Scherkraft alle Fasern des zu bearbeitenden Werkstoffes gleichmäßig erfaßt, also sofort in voller Höhe wirkt. Das setzt voraus, daß der Werkstoff vor den angreifenden Scherkräften nicht ausweicht. Abweichungen von der Rechteck-

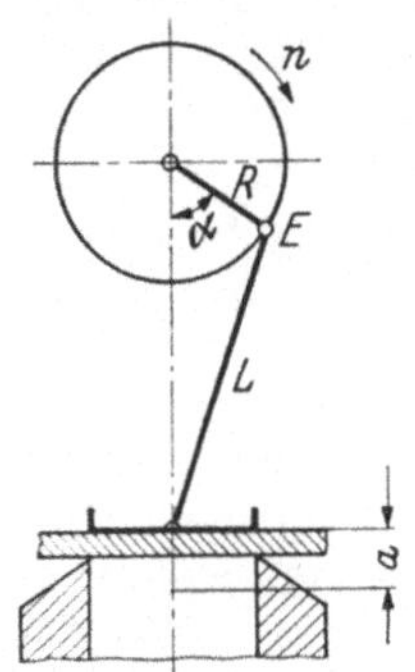

Abb. 38. Der Auftreffpunkt und seine geometrischen Verhältnisse.

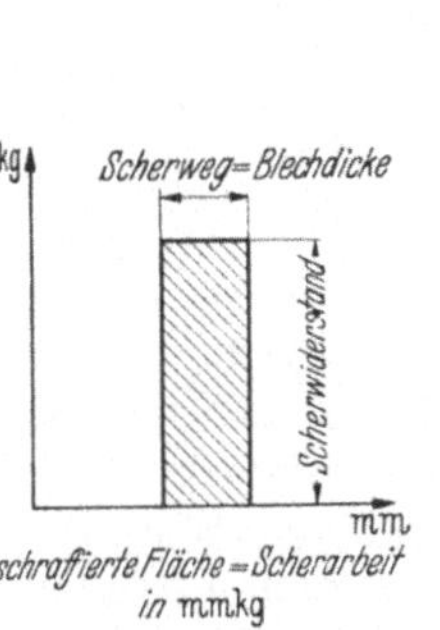

Abb. 39. Ideales Schnittdiagramm.

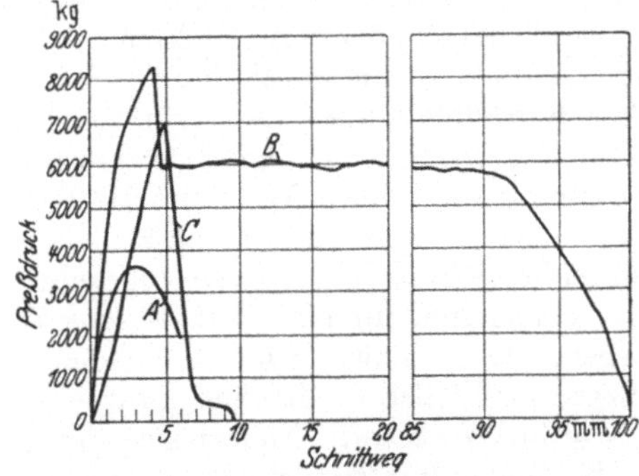

Abb. 40. Kraftbedarf beim Schneiden von Kupfer.
Linie A: Preßdruck beim Schneiden mit parallelen Messern. Versuchsstück 15 mm², Schnittweg ist die Werkstückdicke.
Linie B: Preßdruck beim Schneiden mit Scherschräge. Versuchsstück 16 mm dick, 100 mm breit. Schnittweg ist die Werkstückbreite.
Linie C: Preßdruck beim Lochen durch Stempel 16 mm Ø Versuchsstück 9,5 mm dick.

form des Schnittdiagramms zeigen also an, inwieweit diese Forderungen nicht erfüllt worden sind. Die wirklichen Scherdiagramme weichen je nach Art und Gestalt des geschnittenen Werkstoffes von der idealen Form ab.

18. Kupfer. a) *Schnittvorgang.* In Abb. 40 gibt Linie A den Schnittvorgang bei parallelen Messern ($\omega = 0$, vgl. Abb. 12) durch ein Stück Kupfer 15×15 mm mit Keilwinkel der Schneide $\beta = 85°$ wieder: mit dem Aufsetzen des Werkzeugoberteiles steigt, da der Werkstoff infolge seiner Elastizität dem Druck ausweicht, der aufzuwendende Druck erst langsam (in der Abbildung nicht zu erkennen), dann schnell an. Es bilden sich die Spannungszentren aus, die Schubbeanspruchung überschreitet die Werkstoffestigkeit, der Anriß beginnt: 1. Abschnitt (bis etwa 3 mm Eindringungstiefe). Die Druckspannung, die dazukommt, bringt den Werkstoff

Legende zu Seite 16.
Im linken, oberen Feld findet man als Schnittpunkt der Kennlinie für Drehzahl (Beispiel $n = 80$) und Exzentrizität (Beispiel $R = 0,05$ m) die Exzenter- oder Kurbelzapfen-Geschwindigkeit (Beispiel: 26 m/min). Von diesem Punkte aus wird eine Senkrechte ins untere linke Feld gezeichnet bis zum Schnitt mit der Waagerechten, die für a kennzeichnend ist. a gibt die Höhe des Aufprallpunktes über der unteren Totlage des Exzentergetriebes in m an, also die Blechdicke + Eintrittslänge des Stempels in die Schnittplatte (Abb. 38). Der Schnittpunkt von a und R gibt das Verhältnis $a : R$ an (unter 45° gezeichnete Linien). Geht man schräg aufwärts von diesem Punkt $a : R = 0,1$ bis zur Ordinatenachse, so kann man ablesen, welchem Kurbelwinkel α diese Stellung entspricht (Beispiel $\alpha = 26°$). Im Felde rechts ist in den Linien für $R : L$ zu erkennen, wie sich mit dem Verhältnis von Kurbelradius R zur Schubstangenlänge L (Beispiel $R : L = 1 : 3$) die Geschwindigkeit des Stößels ändert. Geht man von dem Schnittpunkt der Waagerechten mit einer dieser Kurven senkrecht in das obere rechte Feld, so findet man die gesuchte Aufprallgeschwindigkeit in m/min, wenn man im linken oberen Feld vom Ausgangsschnittpunkt längs der zu diesem gehörenden 45°-Linie zur Ordinatenachse fährt und von hier aus waagerecht nach rechts geht bis zum Schnittpunkt mit der von unten kommenden Senkrechten.
(Beispiel: Auftreffgeschwindigkeit = 15 m/min).

zum Fließen: 2. Abschnitt (bis etwa $6^1/_2$ mm Eindringungstiefe). Dieser Abschnitt ist gekennzeichnet durch den verhältnismäßig langen Vordringungsweg des Obermessers trotz abnehmendem Preßdruck. Schließlich vermag die durch die begonnene Trennung verminderte Querschnittfläche den Kraftwirkungen nicht mehr zu widerstehen und ein Bruch vollendet die Trennung: 3. Abschnitt. Die Länge dieser drei Abschnitte und ihr Verhältnis zueinander sind unter Berücksichtigung von Werkstoffdicke bzw. Werkstofform kennzeichnend für den bearbeiteten Werkstoff.

Kurve B schildert den Kräfteverlauf bei zueinander geneigten Messern ($\omega = 10°$, $\beta = 80°$) durch ein Stück Kupfer 16×100 mm. Ein bedeutend schneller ansteigender Kraftbedarf zeigt an, daß sich die Kräfte nicht allein auf die Schnittebene beschränken, sondern den ganzen Streifen beeinflussen (Einleitung von Verbiegungen senkrecht aus der Werkstoffebene nach unten, in der Werkstoffebene vom Messer weg). Solange noch keine Schnittfuge (Anriß) besteht, leistet der Werkstoff natürlich lebhaften Widerstand. Dadurch ist das im Verhältnis zur Werkstoffdicke unvergleichlich höhere Anwachsen der Kräfte gegenüber Kurve A bedingt. Ähnlich wie bei dieser schließt sich der Abschnitt des Fließens an, verbunden mit bedeutendem Kraftabfall, weil die zuvor zur Erzeugung von Verbiegungen aufgewandten Kräfte sich zum Teil wieder nutzbar machen, indem sie den Bruch beschleunigen. So nimmt der zweite Abschnitt die Form einer Spitze an gegenüber einer Kuppe der Kurve A. Abschnitt 1 und 2 sind eng zusammengerückt. Gleichzeitig sind die normalen Schnittverhältnisse eingeleitet, d.h. die Schnitt- und die Formänderungsfläche behalten für eine Zeit die aus Werkstoffdicke und Messerneigung sich ergebende Länge bzw. Größe. In rascher Folge überdecken sich die drei Abschnitte: Biegen — Fließen — Brechen. Nur leise Schwebungen der Kurve verraten die Vorgänge im Werkstoff. Nähert sich der Schnitt dem Ende, so finden zunächst die verbiegenden Kräfte geringen Widerstand, gleichmäßig beginnt die Kraftaufnahme abzunehmen. Die Verkleinerung der Schnittfläche bestärkt die Entwicklung. Ein erneuter Knick der Kurve deutet an, daß sich das Fließen über den ganzen noch vorhandenen Querschnitt erstreckt. Ein letztes Brechen vollendet die Trennung.

Kurve C zeigt den Lochvorgang. Langsames Anwachsen der Kräfte zu Beginn des Schnittes, weil zur Einleitung des Schnittes erst elastische Formänderungen stattfinden müssen: Biegen des vor dem Stempel liegenden Werkstoffes nach der Schnittkantenebene des Stempels, Biegen des umgebenden Werkstoffes nach der Schnittkantenebene der Schnittplatte, Durchbiegung des vor dem Stempel liegenden Werkstoffes wie eine mehr oder minder eingespannte Platte unter Kreisringbelastung. Dann wachsen die Kräfte rasch. Die Spannungszentren bilden sich aus und leiten das Fließen ein. In diesem Abschnitt erreicht die Kraftaufnahme ihren größten Wert. Dieser fällt schnell ab unter Bildung einer Spitze in der Kurve und zeigt damit, daß ein Bruch die Trennung herbeigeführt hat. Jetzt ist es nur notwendig, den Stempel als Stoßstahl benutzend, den einspringenden Kragen des Lochrandes zu beseitigen und etwa auftretende Reibungen zwischen Putzen und Lochrand zu überwinden.

b) Die Bedeutung der Werkstoffdicke für den Ablauf des Schnittvorganges verdeutlicht Abb. 41: Der größte Kraftbedarf je mm² Schnittfläche (Kurve b) wird mit wachsender Werkstoffhöhe geringer, weil die Spannung sich über den Trennungsquerschnitt ungleichmäßig verteilt. Nur unmittelbar vor den Schneiden erreicht die Spannung Werte, die den Werkstoffwiderstand überwinden. Je größer die Höhe ist, um so geringer wird der verhältnismäßige Anteil dieser Zone am ganzen Querschnitt sein. Anders die Kurve a für den Arbeitsbedarf: Erst stark, allmählich langsamer ansteigend, spiegelt sich in ihr die Erscheinung wider, daß mit wachsender Werkstoffdicke das Verhältnis von wirklichem Schnittweg (s. Abb. 8

Zone 2) zur Werkstoffdicke kleiner wird. Das Anwachsen des Arbeitsbedarfes wird dadurch verursacht, daß verhältnismäßig viel größere Mengen des Werkstoffes zum Fließen gebracht werden müssen.

19. Stahl St 42.11. a) Abb. 42, Kurve A — Schneiden mit Messern ($\omega = 0°$), $\beta = 85°$, Versuchsstück 20×40 mm — überraschend durch das schnelle und hohe Anwachsen der Kräfte, das verhältnismäßig geringe Kraftgefälle zwischen Höchstdruck und Bruch trotz des größeren Querschnittes gegenüber Abb. 40. Dieselben Erscheinungen finden sich bei der Kurve B: Scherschräge $\omega = 10°$, $\beta = 80°$, Versuchsstück 20×100 mm. Nur bei Kurve C — Lochen, Stempel 20 mm Durchmesser, Versuchsstück 19,5 mm dick — scheint in ihrem abfallenden Ast ein Unterschied zu bestehen. Die verschiedenen Zahlenwerte der Kurven spiegeln den Widerstand gegen Formänderung und das Aufnahmevermögen von Formänderungsarbeit wider.

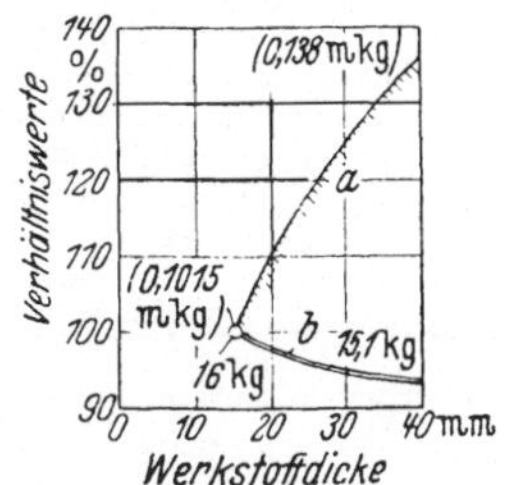

Abb. 41. Einfluß der Werkstoffdicke auf den Kraft- und Arbeitsbedarf beim Schnittvorgang.

Linie a: Arbeitsbedarf je mm² Trennfläche in mkg in Abhängigkeit von der Werkstoffdicke.
Linie b: größter Kraftbedarf je mm² Trennfläche in kg in Abhängigkeit von der Werkstoffdicke.

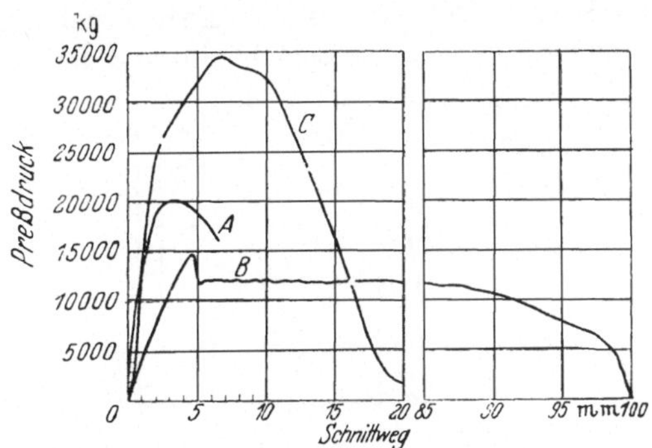

Abb. 42 Kraftbedarf beim Schneiden von Stahl St 42.11.

Linie A: Preßdruck beim Schneiden mit parallelen Messern. Versuchsstück 20 mm dick, 40 mm breit. Schnittweg ist die Werkstückdicke.
Linie B: Preßdruck beim Schneiden mit Scherschräge. Versuchsstück 20 mm dick, 100 mm breit. Schnittweg ist die Werkstückbreite.
Linie C: Preßdruck beim Lochen durch einen Stempel von 20 mm $\varnothing$. Versuchsstück 19,5 mm dick.

Der Widerstand des Eisens gegen Formänderung ist größer als der des Kupfers. Dagegen ist das Aufnahmevermögen von Formänderungsarbeiten kleiner, d. h. beim Eisen sind die notwendigen Schnittdrucke größer als beim Kupfer, die Schnittwege aber kürzer. Wegen des großen Querschnittes wird der Höchstdruck eher erreicht als beim Kupfer, die Schnittwege der Fließperiode werden kürzer bei geringerem Kräftegefälle, die Zone der Trennung durch Bruch wird größer, die Gesamttrennungsfläche also unebener. Darum nimmt der abfallende Ast der Kurve C des Eisens einen so unruhigen Verlauf: größere und rauhere Bruchflächen sind unter größerem Druckaufwand aneinander vorbei zu bewegen. Das Schnittmesser in seiner Eigenschaft als Stoßstahl hat größere Formänderungswiderstände zu überwinden.

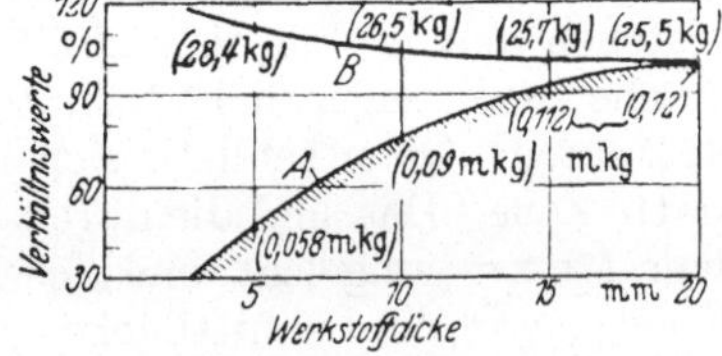

Abb. 43. Einfluß der Werkstoffdicke auf Kraft- und Arbeitsbedarf.

Linie A: Arbeitsbedarf je mm² Trennfläche in mkg.
Linie B: größter Kraftbedarf je mm² Trennfläche in kg.

b) Grundsätzlich zeigt der Verlauf der Kurven Abb. 43, welche die Abhängigkeit des Höchstdruckes und des Arbeitsaufwandes je mm² Trennungsfläche von der Werkstoffhöhe darstellen, dasselbe Bild wie Abb. 41. Weiter geht daraus hervor, daß der Höchstdruck beim Stahl sich zu dem des Kupfers verhält wie $\sim 3,5:2$, während der Arbeitsbedarf nur wenig vom

Verhältnis 1:1 abweicht. Die Aufnahmefähigkeit für Formänderungsarbeiten beeinflußt also den Arbeitsbedarf beim Schnitt wesentlich (Abb. 44).

20. Pappe wird meist in Messerschnitten (s. Abb. 76) verarbeitet (Abb. 45). Abweichend von den Metallen liegt die Höchstkraft fast am Schnittende, trotzdem der Druck sehr steil beim Ansetzen des Messers ansteigt. Der Stoff drückt sich also wenig zusammen. In dem Maße, wie der wirksame Teil des Messers mit steigenden Eindringungstiefen dicker wird, ändern sich die Schnittverhältnisse. Die Keilwirkung steigt über die Schnittwirkung hinaus. Die Pappschichten knicken aus (Abb. 46). Nunmehr beschränkt sich die Wirkung des Messers auf den innerhalb der Ausknickung liegenden Stoff. Die Schnittwirkung tritt wieder in den Vordergrund. Der Höchstpunkt der Schnittdruckkurve ist erreicht. Mit der Verkleinerung der Schnittfläche wächst die Beanspruchung der Schnittfläche so rasch, daß die Trennung der letzten Schicht durch Zerreißen erfolgt.

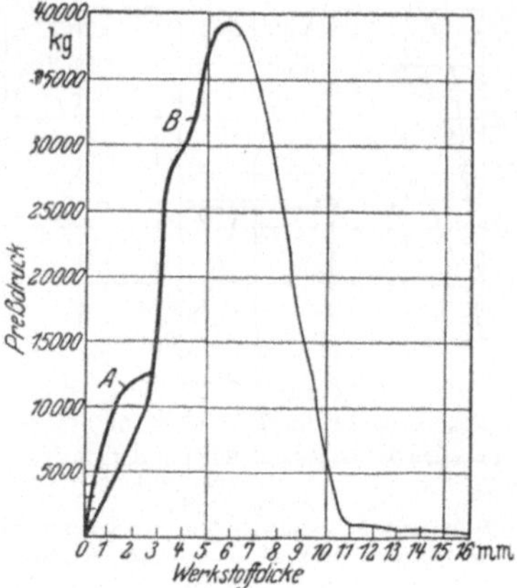

Abb. 44. Kraftbedarf beim Schneiden von hartem und zähem
Werkstoff in Abhängigkeit von der Eindringungstiefe.
Linie *A*: Werkzeugstahl 20×15 mm, $\beta = 85°$ (Arbeitsbedarf
je mm² Trennfläche 0,075 mkg, größter Kraftbedarf je mm²
Trennfläche 38,8 kg).
Linie *B*: Nickelstahl Lochversuch 20 Ø × 14 mm (Arbeitsbedarf je mm² Trennfläche 0,225 mkg).

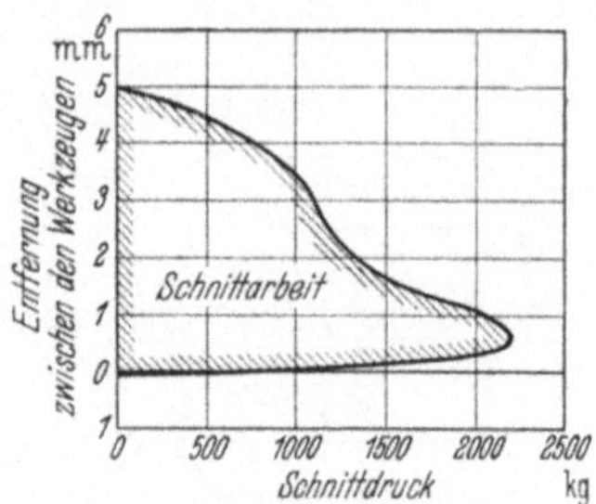

Abb. 45. Schnittdiagramm von Pappe.

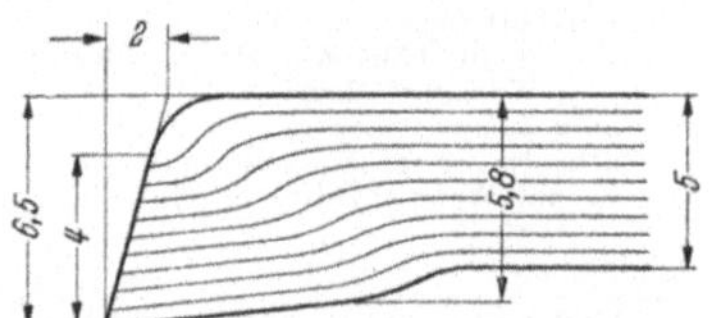

Abb. 46. Ausknicken der Pappe beim
Schnitt.

Pappe ist nicht elastisch genug, um das Ausknicken der Schichten federnd aufnehmen zu können. Die Knickung bleibt nach Vollendung des Schnittes also bestehen und ist am abgeschnittenen Stück deutlich zu erkennen. Die glänzende Fläche ist die eigentliche Schnittfläche. Unten trägt sie einen schmalen Rand mit Rißspuren. Oben schließt sich an die Trennfläche ohne scharfen Übergang eine matte Zone. Das sind die durch Ausknicken aufgelockerten Schichten, die sich vor dem Messer umgelegt und fest angepreßt haben, woraus sich der allmähliche Übergang in die Schnittfläche erklärt.

21. Leder und Filz. *Leder* ist ein Naturstoff und daher in seinem Aufbau und seiner Dicke gewissen Schwankungen unterworfen. Es hat eine harte narbige Seite, die Haarseite des Felles, und eine weiche, fast filzige, die Fleischseite. Die Diagramme Abb. 47 sind mit Messerumrißschnitten von der Narbenseite her erzeugt worden. Auffallend ist die völlig verschiedene Eigenart der Kurven bei Sohl- und Chromleder. Durch die besondere Art der Gerbung wird Sohlleder sehr fest und steif, Chromleder dagegen weich und schmiegsam. Bei Sohlleder liegt die Höchstkraft wie bei Pappe am Ende der Schnittbewegung. Der Höchstwert wird aber nach einer kürzeren Zusammenpressung gleichmäßig ohne Absätze und Knicke erreicht.

Die Schichten knicken nicht aus, weil Leder im Gegensatz zu Pappe sehr elastisch ist, wie die Verwendung als Treibriemen schon zeigt. Das Sohlleder wird unter der Keilwirkung des Messers so lange gedehnt und geschnitten, bis schließlich bei sich ständig verkleinerndem Lederquerschnitt die Trennung durch Reißen eintritt. So ist es auch erklärlich, daß bei Leder die notwendige Schnittkraft höher liegt, wenn man von der Fleischseite her schneidet, weil dann die steife Narbenschicht während des ganzen Schnittvorganges gedehnt werden muß.

Beim *Chromleder* ist der Unterschied zwischen Narben- und Fleischseite nicht so groß wie beim Sohlleder. Die Verdrängung des Leders durch das Messer ist nicht so schwer, wie aus der schwächeren Neigung des Druckanstiegs zu sehen ist. Daran schließt eine Zone, in der sich der Kraftbedarf ungefähr auf einer Linie bewegt. Die Narbe ist durchschnitten und die Fasern werden dicht vor dem Messer zusammengepreßt und durchschnitten. Ein Riß am Schluß beschließt die Trennung.

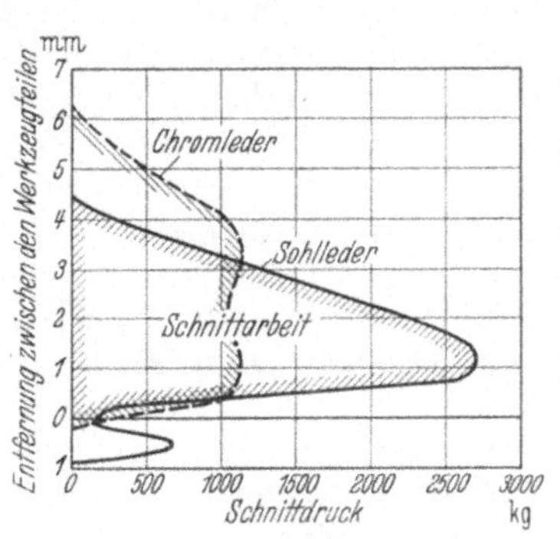

Abb. 47. Schnittdiagramm von Leder.

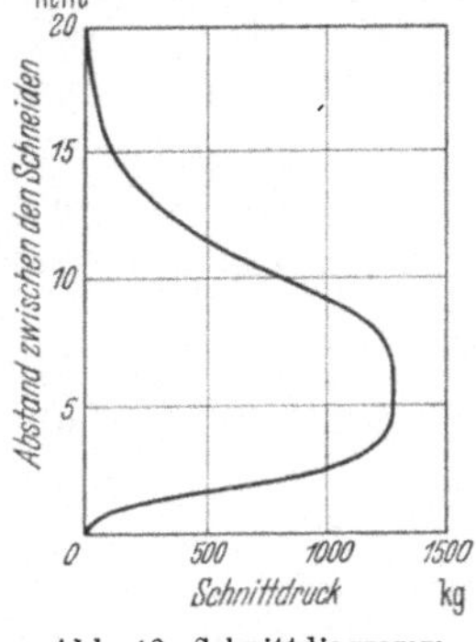

Abb. 48. Schnittdiagramm von Filz.

Filz verhält sich ähnlich wie Chromleder (Abb. 48). Nur ist Filz ein Kunststoff, infolgedessen auch gleichmäßiger in seinem Verhalten beim Schneiden. Ganz allmählich wird der Filz zusammengepreßt. Schließlich hat er sich vor der Schneide so weit verfestigt, daß er geschnitten werden kann, d. h. daß die Schneiden, ohne wesentlichen Widerstand zu finden, den Filz verdrängen und für sich Platz schaffen. Damit ist der Höchstdruck erreicht. Die geringen Schwankungen im weiteren Verlauf der Kurve zeigen, wie sich neues Zusammendrängen, neues Schneiden überdecken, bis schließlich die vom Messer in den Filz übertragenen Kraftwirkungen die untere Fläche der Filzplatte erreichen; nun fällt die Kraftaufnahme schnell ab. Die letzten Fäden werden auseinander gerissen.

II. Folgerungen aus dem Schnittvorgang.

A. Für den zu bearbeitenden Werkstoff.

22. Die verschiedenen Phasen des Trennungsablaufs. Ein Rückblick auf die verschiedenen Diagramme zeigt, daß die so einfach erscheinende Scherung in Wirklichkeit ein recht verwickelter Vorgang geworden ist. Wenn man die Vorgänge trotz ihrer Verschiedenheiten auf die allen gemeinsamen Erscheinungen prüft, kann man folgende Stufen unterscheiden:

1. Spannen des Werkstückes vor oder zwischen den Schneiden.
2. Verdrängungsvorgang.
3. Schnitt und Trennung.
4. Vorgänge nach der Trennung.

Gegen die vordringenden Schneiden tritt der Werkstoff zunächst in Abwehrstellung, indem er sich vermöge seiner Elastizität spannt, oder er sucht vor ihnen auszuweichen, indem er sich zusammendrückt (Filz). In dieser Phase bilden sich die für die Kräfteübertragung notwendigen Flächen aus. Sowie diese hinreichend groß sind, ist die Kräftewirkung auf den Werkstoff eindeutig ausgerichtet. Die Schneiden dringen in den Werkstoff ein und verdrängen ihn, soweit er den Schneiden im Wege steht. Entweder reißt oder spaltet sich der Werkstoff unter der Keilwirkung der Schneide, oder die Druckspannung bringt den Stoff ins Fließen. In diesem Augenblick, in dem der Einfluß der Druckspannungen durch das Fließen ausgeglichen wird, stellen sich unmittelbar vor dem Schneiden die Scherbeanspruchungen ein, die zu einem Schneiden führen. Die Kerbwirkung des Anschnittes führt dann schnell zur vollständigen Trennung. Das Herausschaffen des abgeschnittenen Stückes aus dem Werkzeug bildet den Abschluß des „Schnitt"vorganges.

23. Einfluß des Fließens auf das Aussehen der Trennflächen. Die Betrachtung der Diagramme läßt erkennen, daß das Verhalten des Stoffes beim Verdrängungsvorgang für den Ablauf des Schnittvorganges bezeichnend und bei den fließfähigen Metallen besonders lehrreich ist. In der Abb. 49 ist die Fließzone für einen harten und für einen zähen Stoff gezeichnet. Der Arbeitsbedarf je mm² Trennfläche ist um so größer, je fester und zäher ein Werkstoff ist (*b*), d. h. je größer der Kraftaufwand ist, um den Werkstoff zum Fließen zu bringen und je ausgesprochener er fließt. Je spröder ein Werkstoff ist (*a*), d. h. je geringer seine Neigung zum Fließen und zur Aufnahme bleibender Formänderungen ist, um so niedriger fällt verhältnismäßig die zur Trennung aufzuwendende Arbeit aus (s. Abb. 44).

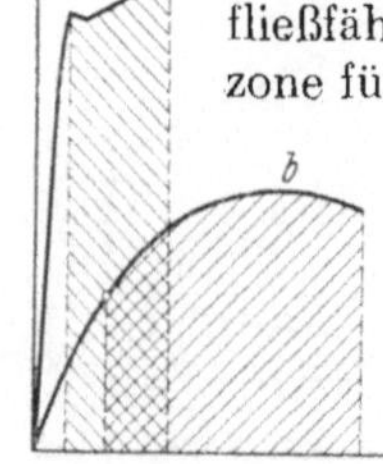

Abb. 49. Das Arbeitsvermögen des Werkstoffes an zwei Zerreißdiagrammen gezeigt

a = harter Werkstoff; *b* = zäher Werkstoff

Auf das Aussehen der Trennfläche bezogen heißt das: Je spröder ein Werkstoff, desto mehr weicht die Trennfläche von der gewollten Schnittebene ab. Die Schneiden dringen nur wenig in den Werkstoff ein, so daß man eigentlich nicht von Schnitt-, sondern von Bruchfläche sprechen muß (Abb. 50). Mit zunehmender Dehnbarkeit wächst der Einfluß des Schnittvorganges im Fließzustand gegenüber der Trennung durch Bruch. Gewollte Schnittebene und Trennungsfläche rücken aneinander (Abb. 51). Da sich das Fließen nicht auf die gewollte Schnittfläche

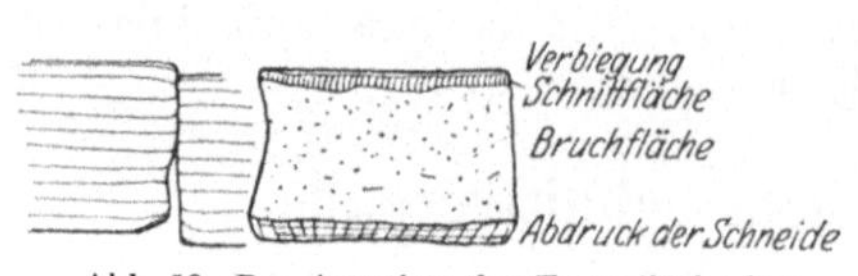

Abb. 50. Das Aussehen der Trennfläche bei hartem Werkstoff (Werkzeugstahl).

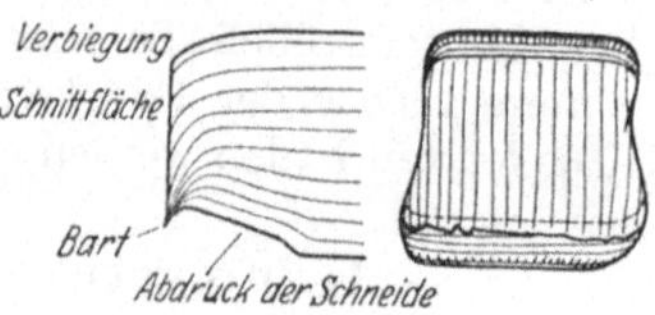

Abb. 51. Das Aussehen der Trennfläche bei zähem Werkstoff (Stahl bei 1000° C).

allein beschränkt, sondern sich auf den umgebenden Werkstoff erstreckt, so hinterlassen die Schneiden Abdrücke. Die Fasern werden vor den Schneiden gequetscht, an der gegenüberliegenden Seite verbogen. Namentlich bei profiliertem Werkstoff sind derartige Verzerrungen sehr unerwünscht.

24. Begrenzung der Werkstoffdicke. Das Fließen des Stoffes während des Schneidens hat eine Reihe von Erscheinungen im Gefolge. Zunächst begrenzt es die zu bearbeitende Werkstoffdicke. Zur Einleitung des Schnittes brauchen zwar nur ganz dicht unter den Schnittkanten die zur Trennung ausreichenden Schubspannungen erzeugt zu werden. Man könnte daraus schließen, der Kraftaufwand wäre unabhängig von der Werkstoffdicke, wenn der Stoff nicht vor dem Trennen mit zunehmender Dicke höheren elastischen Widerstand bieten und demgemäß größere elastische Formänderungsarbeit verbrauchen würde. Also nimmt die zur

Erzeugung der notwendigen Scherspannung notwendige Kraft doch mit der Dicke des Bleches zu. Dadurch werden wieder größere Kraftübertragungsflächen notwendig, und das bedingt wiederum, daß größere Mengen Stoff ins Fließen gebracht werden müssen. Kommen hierbei auch die Stoffteilchen an der Werkstoffoberfläche ins Fließen, so bildet sich unter Herabsetzung der Werkstoffdicke ein bleibender Abdruck der Schneiden aus. Aus Abb. 21 u. 23 ist zu ersehen, daß die Schubspannungen, von denen die Trennung eingeleitet wird, nicht in Richtung der Scherfläche laufen, sondern gegen diese geneigt sind. Zugleich wird die unter dem Einfluß von Druckspannungen zu vollendende Trennfläche immer größer (Abb. 52). Während

deshalb bei dünnem Werkstoff die abgetrennten Teile nur um den Betrag a' ineinanderhängen, steigt dieser mit wachsender Werkstoffdicke auf a''. Diese Formänderungsarbeiten zur Erzeugung einer rauhen, verzerrten Schnittfläche verzehren einen großen Teil der zu Trennungszwecken eingeleiteten Arbeit. Je nach der geforderten Genauigkeit, Schnittkanten-

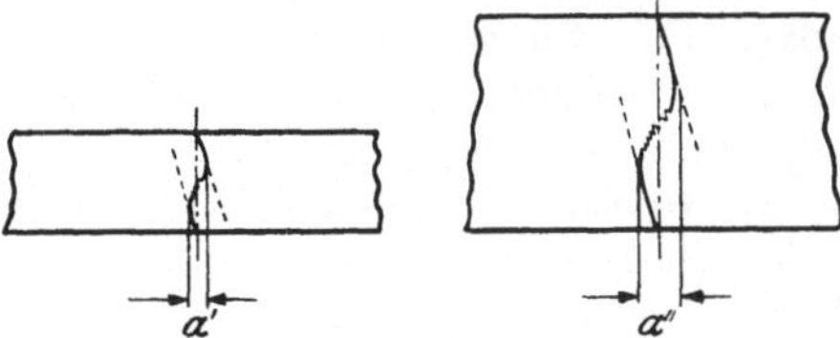

Abb. 52. Einfluß der Werkstoffdicke auf die Form der Trennfläche.

glätte und dem zur Verfügung stehenden größten Preßdruck ergibt sich die obere Grenze der Werkstoffdicke.

Es sei auf die Möglichkeit hingewiesen, die Menge des ins Fließen gebrachten Werkstoffes durch Steigerung der Schnittgeschwindigkeit (s. Abb. 36), durch Schneiden mit Zuschärfung (s. Abb. 10) und durch Vergrößerung des Spiels zwischen den Schneiden (s. Abb. 32) zu verkleinern.

25. Dauerbruchgefahr. Noch eine weitere Grenze in der Anwendbarkeit der Schnittechnik kann man aus diesen Vorgängen erkennen: Die Bearbeitungsmöglichkeit allein ist nicht maßgebend für die Anwendbarkeit des Schneidverfahrens, auch der Verwendungszweck des herzustellenden Werkstückes muß geprüft werden. Ist dieses Wechselbelastungen in hoher Zahl und beträchtlicher Größe ausgesetzt, so gibt der durch Bruch entstandene Teil der Trennungsfläche mit seinen Zacken und Rissen leicht Anlaß zu Dauerbrüchen oder Ermüdungserscheinungen. In solchen Fällen muß also dem Schneiden ein zweiter Arbeitsgang folgen, der die Schicht der Risse und Zacken entfernt.

26. Gefügeänderung beim Schneiden. Die Form der Trennfläche durch Schneiden ist mit Abdruck der Schneiden, schräger Schnittfläche und gekrümmter Bruchfläche gegeben, aber auch der Stoff in der näheren Umgebung der Trennfläche wird in Mitleidenschaft gezogen (s. Abb. 11 u. 22). Mit dem Fließen ist eine Gefügewandlung verbunden, die einer Änderung der Festigkeitseigenschaften des Werkstoffes, meist zu dessen Nachteil, gleichkommt. Entscheidend dafür, ob für den jeweilig vorliegenden Fall die Herstellung eines Werkstückes durch Schneiden zulässig ist, sind die Betriebsverhältnisse, denen das Werkstück unterworfen ist. Ist dieses im Betrieb höheren Wärmegraden ausgesetzt, so ist von der Verwendung von Schnitten wegen der Gefahr der Rekristallisation abzuraten. Ihre Bedeutung zeigt Abb. 22, wo sie der Forschung dienstbar gemacht wurde. Sie führt zur Bildung groben Kristallgefüges. Der Werkstoff wird spröde. Dabei braucht die Erwärmung nicht einmal so hoch zu liegen wie bei dem Beispiel der Abb. 22 (720°). Wirkt eine niedrigere Temperatur entsprechend länger ein, so ruft sie dieselben Wirkungen hervor.

Während sich diese Vorgänge im Inneren des Stoffes abspielen, hinterläßt der Fließvorgang an den Oberflächen des Bleches Aufrauhungen in der Nähe der Schnittlinie. Arbeitet ein solches Werkstück in warmer, feuchter Umgebung, so

bilden diese Stellen einen besonders günstigen Angriffspunkt für Korrosion (Rost-
bildung). Gefährlich werden sie bei Nietverbindungen an Kesseln. Denn auf der
Seite, wo die Platten aufeinanderliegen, geben die Aufrauhungen Anlaß zu Un-
dichtigkeiten. An der Seite der Nietköpfe fallen die Aufrauhungen und der Rand
des Schließkopfes fast zusammen, so daß gerade die empfindlichste Stelle einer
Nietung den Keim der Zerstörung in sich trägt. Das Stanzen von Nietlöchern
an Kesselblechen sollte man bei diesem ungünstigen Zusammentreffen von Rekristallisation und Rostgefahr unbedingt vermeiden. Doch braucht man allgemein
beim Auftreten von Schwierigkeiten ähnlicher Art nicht den Schnitt von vorne
herein abzulehnen. Oft wird es bei durch Schnitte hergestellten Werkstücken, die
hohen Belastungen ausgesetzt sind und deren Stoff von Natur aus ein Fließen
gestattet, möglich sein, die Schnittkanten so zu legen, daß sie zur Kraftübertragung
nur wenig herangezogen werden.

27. Gratbildung infolge Fließens. Fließen ist die Bewegung von kleinen Stoff-
teilen in Richtung des Spannungsgefälles. In den Zonen starken Spannungsgefälles wird die Bewegung der Teilchen besonders kräftig sein. Ein Blick auf
Abb. 21 lehrt, daß also der Stoff vor dem Stempel nach außen, vor der Schnittplatte nach innen fließt. Er steigt an der Seite der Schneide in die Höhe (s. Abb. 3),
an der er den geringsten Widerstand findet. So entsteht der Grat. Er läßt sich,
wie schon angedeutet, wohl verkleinern, aber nicht ganz vermeiden. Er ist derart
bezeichnend für das Stanzen, daß nach der Stärke des Grates die Güte der Stanzung
und der Zustand eines Werkzeuges beurteilt werden kann. Mit diesem Grat hakt
sich das Stanzstück an allen Kanten fest, Grate verhindern das glatte Aufeinander-
legen und Verbinden von Ausschnitten miteinander. Diese unangenehme Beigabe
des Schneidens macht man dadurch weniger wirksam, daß man bei wiederholter
Bearbeitung eines Bleches die Grate alle an einer Seite erscheinen läßt, d.h. das
Blech immer wieder in die gleiche Stellung und Lage zu den Schneiden bringt. Das
ist aber z.B. beim Schneiden ohne Stoffverlust, bei Abhackschnitten, auch beim
Schneiden unter Scheren nicht der Fall, weil die rechte Kante des Stanzteils links
vom Werkzeug, die linke Kante rechts vom Werkzeug entsteht. Deswegen benutzt
man Scheren auch nur zum Vor-, nicht zum Fertigschneiden.

28. Verziehungen und Verbiegungen am Werkstoff. Oben bereits wurde das
Fließen als eine Bewegung von Stoffteilchen in Richtung des Spannungsgefälles
gedeutet. Durch das Fließen wird also das Spannungsgefälle ausgeglichen, d.h. es
ist nach der Formänderung aufgebraucht. Das bezieht sich natürlich nur auf die
Zonen, in denen der Stoff geflossen ist. Nun hat aber das Blech vorher eine elastische Verformung erfahren (Abb. 53), d.h. das Blech
ist gespannt und möchte sich unter Entspannung
wieder in seine ebene Form zurückbewegen. Aber
die Zone, in der der Stoff geflossen ist, hat durch
das Fließen auch ihre elastische Spannung verloren
und versucht in der Lage zu beharren, in der die
Spannung sich ausgeglichen hat. Infolgedessen wird
das Blech nur so weit zurückfedern können, bis die
nach außen drängenden, Entspannung suchenden
Kräfte sich mit den sich spannenden äußeren Zonen

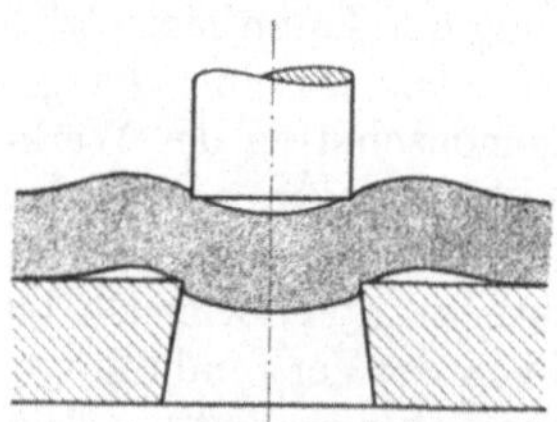

Abb. 53. Elastische Verformung
beim Schnitt.

das Gleichgewicht halten. Solche Verbiegungen herrschen vor der Schnittplatte
(Abb. 54) und werden überall da herrschen, wo örtlich beschränktes Fließen die
Rückfederung vorher gespannten Bleches verhindert, wie sich dies aus ungleich-
mäßiger Neigung zum Fließen oder ungleichmäßiger Belastung des Bleches beim
Schnitt ergeben kann.

29. Vermeidung von Biegungserscheinungen am Streifenrand. a) *Durch den verlorenen Steg.* Erfahrungsgemäß beginnt das Fließen an den Stellen größten Spannungsgefälles und bedeutet eine Kraftfortleitung in der Fließrichtung. Kommt ein Stempel nahe an den Stoffrand, so ist diese Kraftfortleitung so bedeutend, daß der am Rand stehenbleibende Steg einer solchen Belastung nicht gewachsen ist. Je nach Lage des Spannungsgefälles und der Werkstoffart klemmt sich der Steg zwischen Schnittplatte und Stempel oder er weicht, sich verkrümmend, vor dem Stempel aus. Der stehenbleibende Steg muß also eine bestimmte Mindestgröße haben. Ein bestimmtes Maß an Werkstoffverlust ist daher nicht zu unterschreiten. L. GLÜCK gibt für Eisen die Erfahrungswerte des Schaubildes Abb. 55, E. KACZMAREK empfiehlt die der Abb. 56. Noch ausführlicher sind die Angaben von

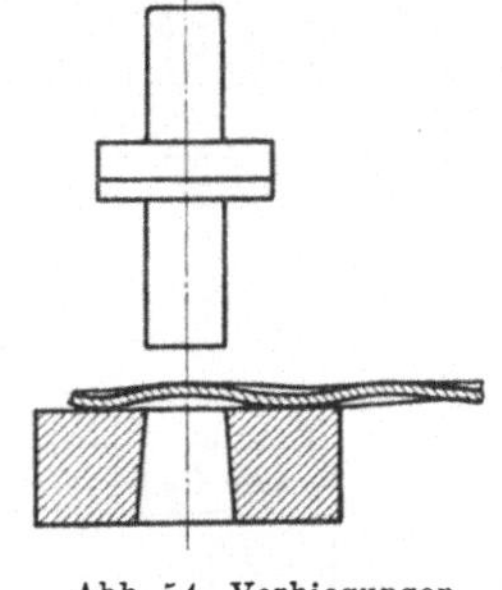

Abb. 54. Verbiegungen vor der Schnittplatte.

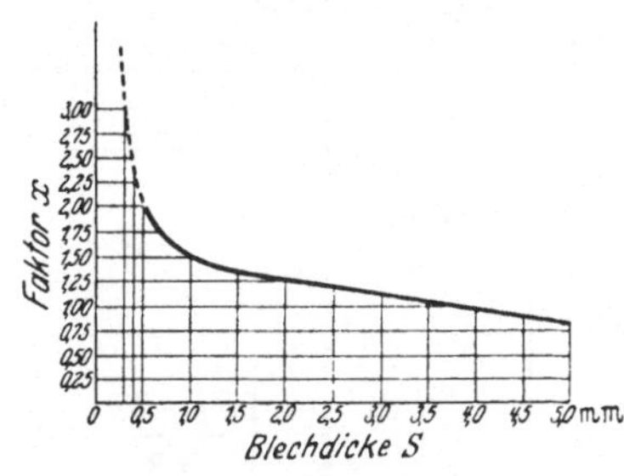

Abb. 55. Abhängigkeit der Stegbreite von der Blechdicke S für Eisen (Faktor x mal Blechdicke gleich Stegbreite). (Nach L. GLÜCK).

A. SCHROEDER[1] (Tabelle 1). Bei Metallen, die stark zum Fließen neigen, wie z. B. bei Kupfer, Zinn usw., vervielfacht man diese Werte mit $1{,}15\cdots1{,}2$. Bei Schnitten mit Seitenschneidern ist eine weitere Vergrößerung um das 1,5fache

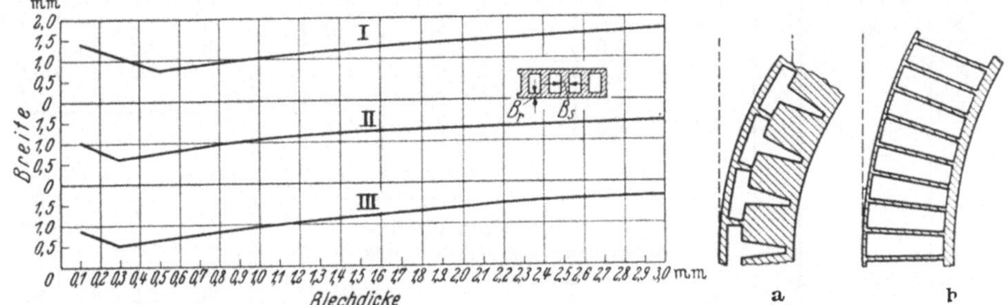

Abb. 56. Abhängigkeit der Stegbreiten von der Blechdicke. (Nach E. KACZMAREK).

I Seitenschneiderabschnitt, *II* Stegbreite B_s zwischen zwei Schlitten, *III* Stegbreite B_r zwischen Blechrand und Stempel.

Abb. 57 *a* *b*. Die gestrichelten Linien zeigen den Verlauf der Steifenränder vor dem Schneiden. Die Abbiegung ist der Deutlichkeit halber übertrieben.

zweckmäßig, wenn man unbedingt sicher gehen will oder muß, z. B. bei selbsttätigen Pressen.

b) *Durch Ausgleich der Kräfte am Streifenrand.* Mit der richtigen Bemessung der Stegbreite allein wird man jedoch nicht immer aller Schwierigkeiten Herr werden können. Bei sehr ungleichmäßiger Schnittdruckverteilung über die Streifenbreite, durch die Stempelform bedingt (Abb. 57), werden sich die Wirkungen der Kraftfortleitung entsprechend ungleichmäßig bemerkbar machen und den Streifen unter Umständen in seiner Längsrichtung verziehen. Dieselben Erscheinungen können selbst bei rechteckigem Umriß der Schnittform auftreten, wenn der Stempel nicht genau in der Mitte des Streifens durchstößt (Abb. 57b), und zwar wird sich

---

[1] Siehe Fußnote 1 S. 26.

Tabelle 1. *Erfahrungswerte für Steg- und Randbreiten (in mm)*. (Nach A. Schröder) [1].

Ausschnitt		Werkstoff		
		Metall	Leder, Webstoff, Preßspan, Bakelit	Bakelit-Hartpapier
rund	Mindest-Durchmesser	s	$0,8\,s$	$0,8\,s$
	Stegbreite St_b	St_b: ≥ 1, $= s$ / $> 1,5\,s$ s: < 1, > 1 / — Lochzahl: 2 / > 2	St_b: ≥ 2, $= 2\,s$ / $> 3\,s$ s: < 1, > 1 / — Lochzahl: 2 / > 2	St_b: $1,6\,s$ / $= s$ s: $\leq 0,5$ / $> 0,5$
	Randbreite R_b	$\geq s$	$\geq 1,5\,s$	R_b: $2\,s$ / $1,25\,s$ s: $\leq 0,5$ / $> 0,5$

Stegbreite St_b (rechteckig):

$St_b = R_b$	s		$St_b = R_b$	s
1,8	0,1		3,6	0,1
1,6	0,2		3,2	0,2
1,4	0,3		2,8	0,3
1,0	0,5		2,0	0,5
1,1	0,8		2,2	0,8
1,2	1,0		2,4	1,0
1,4	1,5		2,8	1,5
1,6	2,0		3,2	2,0
1,8	2,5		3,6	2,5
2,0	3,0		4,0	3,0
2,2	3,5		4,4	3,5
2,4	4,0		4,8	4,0
2,6	4,5		5,2	4,5
2,8	5,0		5,6	5,0
3,0	5,5		6,0	5,5
3,2	6,0		6,4	6,0

Die Werte (St_b) gelten für eine Streifenbreite sowie Teilung bis zu 70 mm

Abhäng. von Steglänge (L) und Werkstoffdicke (s). Nach Versuchsergebnissen:
$$St_b = (0,0104\,L + 0,167)\,s + 2,25 - 0,0156\,L\ [2].$$

Mindestbreite für St_b:

L	s		
	0,5	1	1,5
10	2,5	2,5	2,5
20	3,0	3,0	3,5
30	3,0	3,5	3,5
50	3,5	3,5	4,0
70	4,0	4,5	5,0
100	4,5	5,0	6,0

L	s		
	2	2,5	3
10	3,0	3,0	3,0
20	3,5	3,5	4,0
30	4,0	4,0	4,5
50	4,5	5,0	5,0
70	5,5	5,5	6,0
100	6,5	7,0	7,5

Randbreite R_b (rechteckig, Bakelit-Hartpapier):

R_b	s
$2\,s$	$\leq 0,5$
$1,25\,s$	$> 0,5$

die Seite verlängern, an welcher der Stempel die geringste Entfernung vom Streifenrand hat. Die Kräfte sind so groß, daß dabei im Wege stehende Anschlagstifte usw. abgeschert werden können. Wollte man nun den Streifen ein zweites Mal durch das Werkzeug gehen lassen, um den Werkstoff vollständig auszunutzen, so hätte man mit Schwierigkeiten in der Werkstoffzufuhr, also mit Zeitverlust, zu rechnen. Abhilfe kann hier so geschaffen werden, daß man die ungleichmäßige Kraftverteilung auszugleichen sucht, z. B. dadurch, daß man durch einen zweiten gleichen Stempel, spiegelbildlich zum ersten angeordnet, an der anderen Seite des Blech-

---

[1] A. Schröder: Richtlinien feinmechanischer Konstruktion und Fertigung. Berlin: Union Deutsche Verlagsgesellschaft 1938.

[2] Diese Formel gilt für $s = 0,5 \cdots 4$ mm und für L bis etwa 100 mm.

streifens die gleiche Dehnung hervorruft. Ist dieses nicht möglich, so bringt man an der ungestreckten Bandseite einen einfachen meißelförmigen Stempel an, der den Werkstoff nicht durchdringt, sondern nur um das Maß streckt, das zur Geraderhaltung des Streifens notwendig ist.

c) *Springender Vorschub bei Mehrfachschnitten zur Vermeidung von Randschnitten.* Bei Mehrfachschnitten sind derartige Fließerscheinungen besonders störend, namentlich dann, wenn große Genauigkeit in den Größenabmessungen, Genauigkeit der Schnittflächen verlangt wird. Die oben angegebenen Werte für die Stegbreite würden in diesem Fall nicht genügen. Man hilft sich dann wie folgt:

Anordnung a (Abb. 58): In jeder Streifenbreite arbeitet nur ein Stempel, und zwar so, daß der zweite erst beim dritten Vorschub in die Höhe des ersten kommt. Dadurch wird der erforderliche Raum zwischen den Einzelschnitten geschaffen, der die gegenseitige Beeinflussung und Verstärkung der Fließerscheinungen zwischen gleichzeitig arbeitenden Stempeln gefahrlos macht. Der Werkstoff ist in einem Durchgang aufgeschnitten.

Anordnung b: Hier ist dieses Schema mehrfach angelegt. Außerdem ergibt sich eine Abweichung insofern, als die Ausschnittform zum vollständigen Aufschneiden des Werkstoffes ein Versetzen von zwei Stempeln erfordert. Die vier Arbeitsbänder, aus denen sich der Streifen zusammensetzt, überdecken sich zum Teil. Recht-

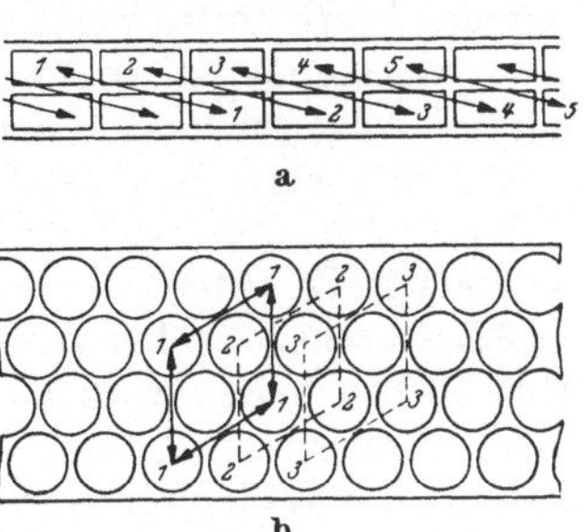
a

b

Abb. 58.
Springender Werkstattvorschub.

winklig zur Vorschubrichtung sind auf gleicher Höhe zwei Stempel so angebracht, daß ein Arbeitsband zwischen ihnen liegt. Bei Anwendung dieses Verfahrens ist zu untersuchen, ob der Stempelabstand brauchbare Herstellungs- und Betriebsbedingungen zwischen den beiden Stempeln ergibt. Die beiden anderen Stempel arbeiten in den übrigbleibenden Arbeitsbändern. Untereinander sind sie denselben Verhältnissen unterworfen wie die beiden ersten. Zwischen dem zweiten und dritten Vorschub erreichen diese Lochungen die Höhe der ersten. Dieser Zwischenraum läßt sich um eine beliebige Zahl von Vorschublängen vergrößern. Die Betriebsverhältnisse hat man also vollkommen in der Hand.

30. Einfluß der Werkstoffederung auf die Maßhaltigkeit. Die bisherigen Darlegungen haben gezeigt, daß der einflußreichste Teil des Schnittvorganges in das Gebiet des Fließens (s. Abb. 49) fällt. Aber um in diesen Bereich zu gelangen, muß man zuvor die Zone der federnden Formänderung durchdringen. Soll ein Streifen, der entsprechend Abschn. 28 verbogen ist, weiterverarbeitet werden, so muß der Stempel das Blech erst richten, ehe es in der Schnittplatte ein Widerlager findet. Bei diesem Richtvorgang gleitet der Werkstoff (s. Abb. 54) an den Schneiden entlang und beeinträchtigt durch die hervorgerufene Reibung die Schneidenschärfe. Die elastische Formänderung wurde schon als Ursache für die äußeren Reibungsarten gekennzeichnet. Auch bei den auftretenden Verziehungen am Werkstoff wurde sie als beteiligt erwähnt. Schließlich muß aber ihr Einfluß auf die Maßhaltigkeit des Stanzteils untersucht werden. Solange die Werkzeugteile nicht in das Blech eingeschnitten haben, weicht der Werkstoff unter dem Zusammenpressungsdruck, an den Schneiden vorbeigleitend, nach außen aus, streckt sich also. Bei dicken Werkstoffen und kleinen Stempelabmessungen können diese Bewegungen, an den Toleranzen des Passungssystems gemessen, beträchtlich sein. Sie treten nach der Entlastung und der Zusammenziehung des Werkstoffes als Maßverkleinerung des Loches und Ausschnittes in Erscheinung. Ist die Reibung zwischen

Schneide und Werkstoff groß genug, um ein Weggleiten verhüten zu können, so beschränkt sich das elastische Ausweichen auf die mittleren Schichten des Werkstoffes mit der Wirkung, daß die hergestellten Schnittflächen nach innen eingezogen sind (s. Abb. 78).

31. Die Möglichkeit des Schneidens hängt von der Eigenart des Werkstoffes ab. Viele Werkstoffe sind für eine Bearbeitung, die mit derartigen Beanspruchungen wie beim Schnittvorgang verbunden sind, nicht geeignet. Der Werkstoff muß in der Lage sein, so viel Formänderungsarbeit unter dem Einfluß der Druckkräfte in sich aufzunehmen, bis die Schubbeanspruchung einen Wert erreicht, der die Festigkeitsgrenze übersteigt und den Stoff längs der gewünschten Linie abtrennt. Andernfalls wird der Werkstoff zerbersten, platzen, sich spalten. Ist die Sprödigkeit des Werkstoffes nicht so groß, daß er für eine Bearbeitung durch Schneiden ganz ungeeignet ist, so birgt doch ein harter Werkstoff die Möglichkeit in sich, daß im Augenblick des Bruches oder nachher, wenn der Stempel als Stoßstahl wirkt, sich vom Werkstoff kleine spanartige Teilchen lösen. Diese bekommen Bedeutung in dem Augenblick, wo sie nicht wegfallen, sondern sich zwischen die Werkzeugteile (Stempel, Schnittplatte, Abstreifer, Auswerfer) klemmen.

32. Durchschneiden mehrerer Lagen. Bei Werkstoffen, die mit Messern nach Abb. 76 bearbeitet werden, ergibt sich dabei keine Änderung der Arbeitsverhältnisse. Nach einem kurzen Zusammenpressen, durch die lose Schichtung bedingt, verläuft die Widerstandskraft nach der gewohnten Kurve bis zum Schnitt. Bald hierauf macht sich der Einfluß der nächsten Lage geltend. Das Spiel beginnt von neuem, jedoch in einer höheren Lage der Kräfte, usf. In der Gesamtheit wirkt solch geschichteter Werkstoff wie Pappe, bei der die Widerstandskraft gegen Ausknicken durch Trennung der einzelnen Lagen auf einen geringen Wert herabgesetzt ist. Mit zunehmender Zahl der Lagen bei derselben Gesamtstärke sinkt daher der notwendige Kraftbedarf erst stark, allmählich immer langsamer. Beim Umrißmesser wächst der Schnittwiderstand etwa geradlinig mit der Zahl der Lagen, beim Lochmesser bedeutend schneller.

Durch Verwendung von zweiteiligen Schnittwerkzeugen werden bei mehreren Lagen die Arbeitsbedingungen insofern geändert, als der Stempel nur bei der ersten Lage das eigentliche Schnittwerkzeug ist; bei den übrigen dagegen vertritt die darüberliegende Lage die Stelle des Stempels. Da es unmöglich ist, einen Werkstoff durch einen solchen gleicher Härte zu schneiden, so erlebt man bei einem solchen Versuch alle Folgen eines theoretisch falschen Schnittes: Reißen der Schnittkante, keine glatte Schnittfläche, Zerquetschungen und Verbiegungen in der Werkstoffebene und als Ergebnis dieser zusätzlichen Formänderungsarbeiten einen erhöhten Kraft- und Arbeitsbedarf.

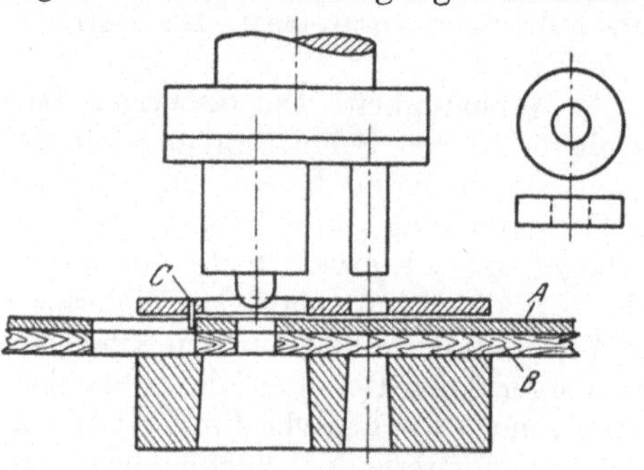

Abb. 59. Gleichzeitiges Schneiden durch Messing und Filz mit Folgeschnitt.

A = Messing; B = Filz; C = Anschlagstift.

Mit Vorteil kann man dieses Verfahren dagegen verwenden, wenn Filzscheiben und Messingscheiben gleicher Abmessungen herzustellen sind (Abb. 59) und wenn ein passendes Werkzeug für die Messingscheiben schon vorhanden ist. In diesem Falle ordnet man den Messingstreifen vor dem Schnittstempel, die Filzplatte vor der Schnittplatte an. Man muß natürlich dabei den Anschlagstift C in der oberen Führungsplatte anbringen.

33. Einfluß ausgeprägter Festigkeitsrichtungen im Werkstoff. Häufig finden sich Werkstoffe, die infolge ihrer Bearbeitung und Herstellung (Weben, Walzen) in zwei zueinander senkrechten Richtungen verschiedene Festigkeitswerte aufweisen. Bei der Bearbeitung derartiger Stoffe durch Schnitte ergibt sich dann der größere Schnittwiderstand, wenn die Schnittlinie senkrecht zur Richtung der höheren Festigkeit verläuft, weil die Druckwirkungen des Messers senkrecht zur Schnittlinie in den Stoff dringen, die Formänderungsarbeit also gerade in Richtung der höheren Festigkeit zu leisten ist. Der geringste Kraftbedarf bei der Herstellung eines Blanketts nach Abb. 60 A ergibt sich dann, wenn die größeren Schnittlängen mit der Richtung der größeren Festigkeit parallel laufen (links). Soll aber bei $a-a$, $b-b$ eine scharfe Knickung durch Biegen her-gestellt werden, so müßte die ganze Biegungs-beanspruchung durch einen schmalen Streifen, der nur geringen Zusammenhalt mit den Nach-barstreifen hat, aufgenommen werden. Man dreht daher in solchem Falle das Blankett im Werkstoff-streifen um 90° (rechts) und nimmt eine größere Schnittkraft in Kauf. Auch die Biegungsbean-spruchung wird höher ausfallen, aber dafür weisen die gebogenen Fasern des Werkstoffes eine höhere Festigkeit auf. Dem Bestreben, eine höchste Güte des Erzeugnisses zu erzielen, sind jedoch Grenzen gezogen durch die Streifenausnutzung und durch die Form des Blanketts; denn sind

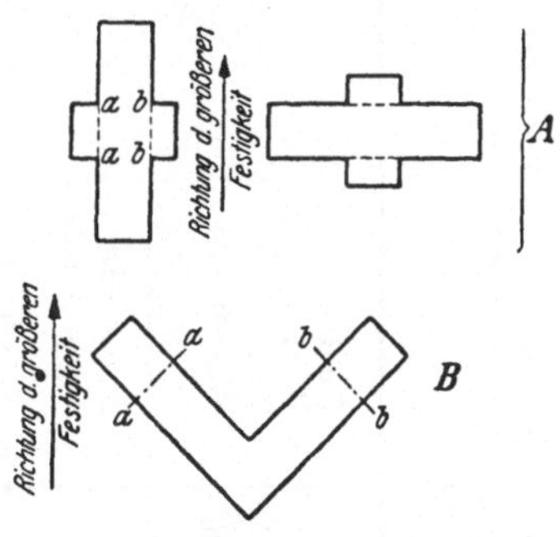

Abb. 60. Blankettanordnungen.

in zwei zueinander senkrechten Richtungen Biegungen herzustellen (Abb. 60 B), so ist der gerade beschriebene Idealfall nicht zu erreichen. Es kommt in diesem Falle darauf an, die beiden Biegungen mit der gleichen, höchst erreichbaren Güte herzustellen bzw. ihre Güte dem Grad ihrer Beanspruchung anzupassen. Dieser Forderung entspricht die gezeichnete Lage des Blanketts.

B. Für die Schneiden.

Aussehen von Werkstück und Schnittfläche, Kraft und Arbeitsaufwand sind Gesichtspunkte, die den Schnittebauer vornehmlich interessieren. Vom Aussehen der Schnittfläche hängt die Entscheidung ab, ob für eine geforderte Arbeit die Schnittechnik verwendbar ist. Der Größtdruck ist ausschlaggebend für die Wahl des Schneidenwerkstoffes und für die Einhaltung der Festigkeits- und Formände-rungsgrößen der Maschine. Durch den Arbeitsbedarf werden die Bewegungsgrößen, also die des Schwungrades, des Motors usw. und schließlich die Wirtschaftlichkeit des Schnittvorganges bestimmt.

34. Der Kraftbedarf. Die Höhe des Kraftaufwandes ist aus Festigkeitsformeln für die Schubfestigkeit nicht zu errechnen, weil diese Formeln gar keine Rücksicht auf die tatsächlich auftretenden Vorgänge nehmen, von Schnittgeschwindigkeit, Schneidenschärfe und Spiel ganz abgesehen. Berechnungen dieser Art sind daher nur für rohe Überschläge brauchbar. Bei solcher Berechnung wird der Schnitt-widerstand W proportional dem Trennungsquerschnitt angesetzt mit $W = U \cdot s \cdot K$, worin U die Länge der Schnittlinie in mm, s die Werkstoffdicke in mm, K die Stoffzahl bedeutet (Tabelle 2). Bei einem Schnitt mit Scherschräge, Schrägen-winkel ω, nimmt die obige Formel die Form an

$$W = \frac{0{,}225 \cdot s^2}{\operatorname{tg} \omega} \cdot K \ \text{kg} \ .$$

Tabelle 2. *Größe der Stoffzahl K bei verschiedenen Werkstoffen*[1].

<table>
<tr><td rowspan="2"></td><td colspan="2">K in kg/mm²</td></tr>
<tr><td>weich</td><td>hart</td></tr>
<tr><td>1. Eisen und Stahl:</td><td></td><td></td></tr>
<tr><td>Stahlblech, gewöhnlich.</td><td>32</td><td>40</td></tr>
<tr><td>Ziehblech.</td><td>30</td><td>35</td></tr>
<tr><td>Stahlblech höherer Festigkeit</td><td>45…50</td><td>55…60</td></tr>
<tr><td>„ dunkelrot.</td><td>12…20</td><td>—</td></tr>
<tr><td>Stahl mit 0,1% C-Gehalt.</td><td>25</td><td>32</td></tr>
<tr><td>„ „ 0,2% „</td><td>32</td><td>40</td></tr>
<tr><td>„ „ 0,3% „ 20° C</td><td>36</td><td>48</td></tr>
<tr><td>„ „ 0,3% „ 100° C</td><td>40…48</td><td>—</td></tr>
<tr><td>„ „ 0,3% „ 200° C</td><td>50…60</td><td>—</td></tr>
<tr><td>„ „ 0,3% „ 300° C</td><td>45…55</td><td>—</td></tr>
<tr><td>„ „ 0,3% „ 400° C</td><td>35…42</td><td>—</td></tr>
<tr><td>„ „ 0,3% „ 500° C</td><td>22…28</td><td>—</td></tr>
<tr><td>„ „ 0,3% „ 600° C</td><td>9…12</td><td>—</td></tr>
<tr><td>„ „ 0,4% „</td><td>45</td><td>56</td></tr>
<tr><td>„ „ 0,6% „</td><td>56</td><td>72</td></tr>
<tr><td>„ „ 0,8% „</td><td>72</td><td>90</td></tr>
<tr><td>„ „ 1,0% „</td><td>80</td><td>105</td></tr>
<tr><td>Siliziumstahl</td><td>45</td><td>56</td></tr>
<tr><td>Chromnickelstahlblech (18…20% Cr; 7…12% Ni; 0,1…0,4% C; Rest Eisen)</td><td colspan="2">60</td></tr>
<tr><td>Nickeleisen (25% Ni; Rest Fe)</td><td colspan="2">50</td></tr>
<tr><td>2. Nichteisen-Metalle:</td><td></td><td></td></tr>
<tr><td>Blei</td><td>2…3</td><td>—</td></tr>
<tr><td>Messingblech</td><td>22…30</td><td>35…40</td></tr>
<tr><td>„ federhart.</td><td>—</td><td>50…60</td></tr>
<tr><td>Nickel</td><td>40</td><td>70</td></tr>
<tr><td>Monel (67% Ni; 28% Cu; 5% Mn + Fe).</td><td>45</td><td>70</td></tr>
<tr><td>Kupferblech</td><td>18…22</td><td>25…30</td></tr>
<tr><td>Zink</td><td>12</td><td>20</td></tr>
<tr><td>Neusilber</td><td>28…36</td><td>45…56</td></tr>
<tr><td>Silber</td><td colspan="2">32</td></tr>
</table>

<table>
<tr><td rowspan="2"></td><td colspan="2">K in kg/mm²</td></tr>
<tr><td>weich</td><td>hart</td></tr>
<tr><td>Gold</td><td>18</td><td>30</td></tr>
<tr><td>Platin</td><td>20</td><td>35</td></tr>
<tr><td>Zinn</td><td>3…4</td><td>—</td></tr>
<tr><td>Walzbronze</td><td>32…40</td><td>40.. 60</td></tr>
<tr><td>3. Leichtmetalle:</td><td></td><td></td></tr>
<tr><td>Aluminium</td><td>7…9</td><td>13…16</td></tr>
<tr><td>Duraluminium</td><td>22</td><td>38</td></tr>
<tr><td>4. Nichtmetallische Werkstoffe:</td><td></td><td></td></tr>
<tr><td>Leder, bis 2 mm</td><td colspan="2">1,5</td></tr>
<tr><td>Papier 0,25 mm</td><td colspan="2">16</td></tr>
<tr><td>Papier in Lagen</td><td colspan="2"></td></tr>
<tr><td>5 Bogen je 0,25 mm</td><td colspan="2">4,5</td></tr>
<tr><td>10 „ „ 0,25 mm</td><td colspan="2">2,3</td></tr>
<tr><td>20 „ „ 0,25 mm</td><td colspan="2">1,4</td></tr>
<tr><td>Holzpapier</td><td colspan="2">2…2,5</td></tr>
<tr><td>Leichte Pappe</td><td colspan="2">3…5</td></tr>
<tr><td>Graue Pappe</td><td colspan="2">5…6</td></tr>
<tr><td>Lederpappe</td><td colspan="2">7…10</td></tr>
<tr><td>Asbest</td><td colspan="2">2…3</td></tr>
<tr><td>Filz</td><td colspan="2">1…2</td></tr>
<tr><td>Klingerit</td><td colspan="2">4</td></tr>
<tr><td>Gummi.</td><td colspan="2">0,6…1,6</td></tr>
<tr><td>Reines Kunstharz</td><td colspan="2">2,5…3</td></tr>
<tr><td>Kunstharzgewebe</td><td colspan="2">9</td></tr>
<tr><td>Kunstharzpapier.</td><td colspan="2">10…13</td></tr>
<tr><td>Glimmer 0,5 mm stark</td><td colspan="2">8</td></tr>
<tr><td>„ 2,0 mm „</td><td colspan="2">5</td></tr>
<tr><td>Zelluloid</td><td colspan="2">4…6</td></tr>
<tr><td>Birkensperrholz</td><td colspan="2">20</td></tr>
<tr><td>Buchenholz</td><td colspan="2">1…2</td></tr>
<tr><td>Kiefernholz</td><td colspan="2">1</td></tr>
<tr><td>Lindenholz</td><td colspan="2">1· ·1,5</td></tr>
<tr><td>Tannenholz</td><td colspan="2">0,6</td></tr>
</table>

35. Der Leistungsbedarf. a) Eine Faustformel gibt den Leistungsbedarf von Lochmaschinen mit $N =$ Blechdicke (mm) $\times$ Lochdurchmesser (mm) $\cdot \dfrac{1}{60}$ PS an.

b) Legt man der Leistungsberechnung den oben bestimmten Schnittdruck zugrunde, so kommt man zu der Gleichung

$$N = \frac{W \cdot v}{75} \cdot \frac{1}{\eta} \text{ PS} ,$$

[1] Zum größten Teil aus: Schuler-Taschenbuch. Berlin: Springer.

wenn W der größte Schnittwiderstand, v die Schnittgeschwindigkeit, η der Wirkungsgrad der Maschine $(0,5\cdots0,7)$ ist.

c) E. Hartwig bestimmt den Leistungsbedarf einer Presse aus Leerlaufarbeit N_1 und Nutzarbeit N_2. $N_1 = 0,16\cdots0,82$ PS für eine mittlere Presse je nach Ausführung und Größe, $N_2 = 3,71\cdot a\cdot F$, worin $a = 0,25 + 0,0145\cdot s$ ist, F die Schnittfläche im m² je Stunde und s die Werkstoffdicke in mm bedeutet.

d) C. Codron bestimmt N_2 folgendermaßen: Bedeutet m das Verhältnis des mittleren Widerstandes zum größten, n das Verhältnis des wirklichen reinen Schnittweges zur ganzen Werkstoffhöhe, so ist der Arbeitsbedarf

$$A = m\cdot W\times n\cdot s = m\cdot n\cdot s\cdot W \text{ mmkg} .$$

Ersetzt man den Gesamtdruck W durch den Widerstand je mm² (w), so erhält man

$$A = m\cdot n\cdot s^2\cdot b\cdot w \text{ mmkg} .$$

Derartige Feststellungen sind aber nur am vollendeten Schnitt zu machen. Ohne Versuche kann man also nicht zu zuverlässigen Werten gelangen.

e) Den sichersten Weg, um zu verläßlichen Werten zu gelangen, geht man, wenn man das Druck-Weg-Diagramm aufnimmt und ausmißt.

36. Anforderungen an den Werkstoff der Schneiden hinsichtlich Festigkeit und Zähigkeit. Der Werkstoff des Werkzeuges muß immer härter sein als der zu bearbeitende, damit überhaupt ein Schneiden stattfindet. Er muß eine so hohe Festigkeit haben, daß ein Stauchen während der Arbeit nicht zu befürchten ist, und eine solche Härte, daß die auftretende Reibung das Werkzeug nicht zu schnell abnutzt. Das stoßende Arbeiten der Werkzeuge stellt hohe Ansprüche an ihre *Zähigkeit*, ohne die die Schneide sehr bald zersplittern würde. Für die Größenordnung der Schneidenbeanspruchung sprechen folgende Versuchsergebnisse beim Lochen von Kesselblech: Blechstärke 20 mm, Stempeldurchmesser 27 mm: gemessener Höchstdruck 65000 kg, mittlere Stempelbeanspruchung also 11360 kg/cm². — Blechstärke 20 mm, Stempeldurchmesser 20 mm: gemessener Höchstdruck 48000 kg, mittlere Stempelbelastung also 15400 kg/cm². Unter Berücksichtigung der schon erwähnten ungleichmäßigen Belastungsverteilung müßte man in diesem Fall also mit einer Schnittkantenbeanspruchung von etwa $200\cdots300$ kg/mm² rechnen.

37. Härte der Schneiden. Staucht sich beim Schnitt die Schneide, so wird diese Stauchung nicht gleichmäßig sein, sondern an der Kante am stärksten (von Unregelmäßigkeiten der Härtung ganz abgesehen). Nahe der Kante werden also in der Schneide neue Spannungen erzeugt. Ist außerdem der Widerstand des Werkstoffes verschieden (Ungleichmäßigkeiten in Gefüge und Dicke), so entstehen längs der Schnittkante auch noch Biegungsspannungen. Diese Beanspruchungen zusammen mit ihren ständigen Wiederholungen stellen sich als besonders gefährlich heraus, wenn der Werkstoffwiderstand elastische Formänderungen von solcher Höhe in den Schneiden hervorruft, daß Ermüdungserscheinungen im Schneidenwerkstoff eintreten. Zweckmäßig wählt man also die Werkzeughärte im Verhältnis zur Werkstoffhärte möglichst groß, so daß die elastischen Formänderungen gering ausfallen; denn die hierzu notwendigen Formänderungsarbeiten dienen nur der Werkzeugvernichtung. Die zulässigen Grenzen der elastischen Formänderungen in den Werkzeugen sind um so enger zu halten, eine je größere Gesamtschnittzahl vom Werkzeug verlangt wird. Namentlich gilt dies für schwere Schnitte (große Blechdicke, hoher Werkstoffwiderstand).

38. Gesichtspunkte für die Auswahl des Schneidenwerkstoffs. Nun läßt sich aber die Härte der Schneiden nicht beliebig in die Höhe treiben, weil die Schneiden mit zunehmender Härte unter Berücksichtigung der stoßenden Arbeitsweise zu spröde werden. Bei schweren Schnitten, d. h. bei der Verarbeitung von Werkstoffen mit hohem Schnittwiderstand bei großer Neigung zum Fließen und bei im Verhältnis zu den Formabmessungen großen Blechdicken muß man mit Druck-Biegungs-Spannungen und entsprechenden Formänderungen der Schneiden rechnen und deshalb für ihre Herstellung Werkstoffe wählen, die ihrer Natur nach in der Lage sind, derartige Formänderungsarbeiten aufzunehmen, auch auf die Gefahr hin, an Verschleißwiderstand opfern zu müssen. Man wählt also niedriggekohlte Werkzeugstähle und solche legierte Stähle, die ein großes Formänderungsvermögen bei möglichst großer Oberflächenhärte zulassen.

Bei leichteren Schnitten wird das Formänderungsvermögen nicht in Anspruch genommen, so daß man also seine ganze Aufmerksamkeit dem Widerstand gegen Verschleiß schenken und hoch härten kann. Man wählt daher Werkzeugstähle mit hohem C-Gehalt und bevorzugt bei den legierten Stählen die, welche das geringste Härtungsrisiko und die geringsten Maßabweichungen aufweisen (siehe Heft 59, Anhang).

Bei weichen Werkstoffen und bei weichem Stahl bis zu 1,5 mm Dicke ist es bisweilen wirtschaftlicher, einen Werkzeugteil weich zu lassen, den anderen dagegen so stark zu härten, wie es die Arbeitsverhältnisse gestatten. Der Einfluß des gehärteten Werkzeugteiles auf den Schnittvorgang wird dadurch gegenüber dem weicheren verstärkt. Zweckmäßig wählt man für den weichbleibenden Werkzeugteil einen Stahl, der im ungehärteten Zustande hohe Verschleißfestigkeit hat[1]. Welchen der Werkzeugteile man härtet, ist eine Herstellungs- und Betriebsfrage. Für die Härtung der Schnittplatte spricht der Umstand, daß der Werkstoff unter Reibung über sie hinweggleiten muß. Sind jedoch die Umrißformen so vielgestaltig und eng, daß der Durchbruch der Schnittplatte Schwierigkeiten macht, so härtet man den Stempel, der in der Außenform leichter zu bearbeiten ist.

39. Glätte und Sauberkeit der Schneiden. In allen Fällen — die Schneiden mögen geformt sein wie sie wollen — ist größte Sorgfalt und Genauigkeit bei der Herstellung Vorbedingung für gute Arbeit. Sie verlangt vom Schnittmacher ein Höchstmaß von Geschicklichkeit im Feilen; denn zeigt die Schnittkante Abweichungen senkrechter Richtung, so schwanken die Keilwinkel. Da Erhöhungen den ersten größeren Druck aufzunehmen haben und an diesen Punkten gerade die kleinsten Keilwinkel herrschen, also die Schneide am empfindlichsten ist, so ist eine vorzeitige Störung zu erwarten. Abweichungen in waagerechter Ebene bedeuten Änderungen im Spiel zwischen den Schneiden. Man hat infolgedessen bei dünnen Werkstoffen mit Gratbildung, bei stärkeren mit Ungleichmäßigkeiten in der Maßeinhaltung zu rechnen. Auch der erzielte Grad von Glätte ist von größtem Einfluß auf die Schneidhaltigkeit; denn Riefen u. dgl. sind ein Zeichen dafür, daß losgerissener, aufgerissener Werkstoff oder in ihrem Zusammenhang gelockerte Schichten einen Teil der Schneidkante bilden. Solche Stellen sind die Angriffspunkte der Schneidenzerstörung.

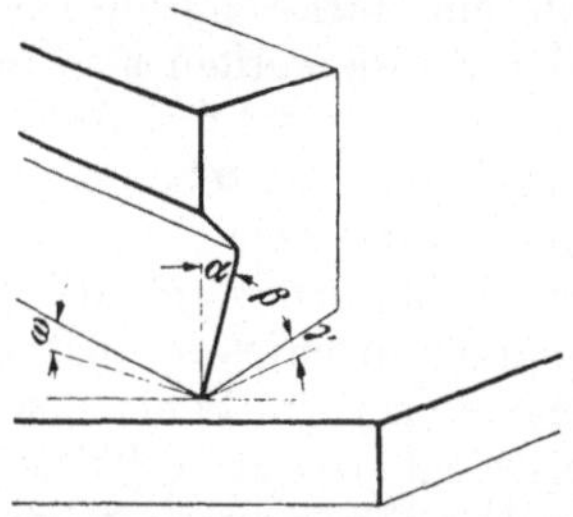

Abb. 61. Winkel an den Schneiden.
α = Freiwinkel;　β = Keilwinkel;
γ = Zuschärfung $\alpha + \beta + \gamma = 90°$;
ω = Scherschräge (Neigungswinkel)

Die Forderung nach sauberer Bearbeitung wird um so eher erfüllt werden, als es möglich ist, diese Arbeiten durch die Maschine ausführen zu lassen. Diese Möglichkeit hängt von der Form der Schneiden ab, da geometrische Gebilde nur in einer beschränkten Zahl von Formen wirtschaftlich

---

[1] Beispiele solcher Stähle: VT-Stahl (Hörder Verein), Mangan-Stähle.

auf der Maschine herzustellen sind. Entscheidend hierfür ist die Ausbildung der Schneidenwinkel und die Schnittform an sich. Die Schneidenwinkel sind in Abb. 61 angegeben.

40. Die Ausbildung des Freiwinkels an Stempel und Schnittplatte. a) Ein *Freiwinkel* ist kaum zu entbehren, wenn hohe Reibungsverluste zu erwarten sind und man infolgedessen mit Verbiegungen des ausgeschnittenen Werkstoffes rechnen muß. Die einfachste Gestaltung einer solchen Schneide gibt Abb. 66 für den Stempel, Abb. 62 für das Werkzeugunterteil wieder, bei der man je nach Werkstoffstärke $\alpha = \frac{1}{2} \cdots 1\frac{1}{2}°$ macht, wenn Eisen in Betracht kommt. Solche Schneiden arbeiten vorzüglich, bedürfen jedoch bald des Schleifens, weil die Schnittkante hoch beansprucht ist. Mit zunehmendem Abschleifen wird die Schnittöffnung größer. Dies pflegt meistens kaum von

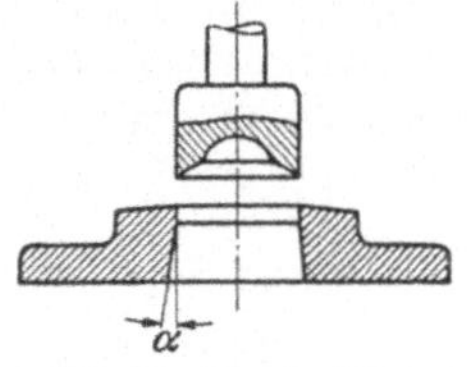

Abb. 62. Zweckmäßige Schnittform.

Einfluß auf die Schnittgenauigkeit zu sein; denn 0,15 mm, die meist für Scharfschliff verloren gehen, ergeben bei

$$\alpha = \quad \frac{1}{2}° \quad \frac{3}{4}° \quad 1° \quad 1\frac{1}{4}° \quad 1\frac{1}{2}°$$

eine Vergrößerung des Spiels von 0,00131 0,00197 0,00262 0,00327 0,00393 mm

zwischen den Schneiden. Werden bei den vergrößerten Spielen zwischen den Schneiden die Trennungskanten nicht sauber genug, so kann man dem dadurch entgegenwirken, daß man den Stempel ein klein wenig hinter seiner Schnittfläche verstärkt, ihn also mit einem — allerdings sehr geringen — negativen Freiwinkel ausstattet (Abb. 63) derart, daß die Vergrößerung des Schnittplattendurchbruches dadurch wieder aufgehoben wird. Dabei werden die Ausschnitte allerdings etwas größer. Will man derartige Erscheinungen vermeiden, so läßt man die Fläche hinter der Schnittkante erst einige Millimeter senkrecht verlaufen und dann erst unter dem Freiwinkel geneigt (Abb. 62). Für Stempel gilt natürlich dasselbe, doch findet man die

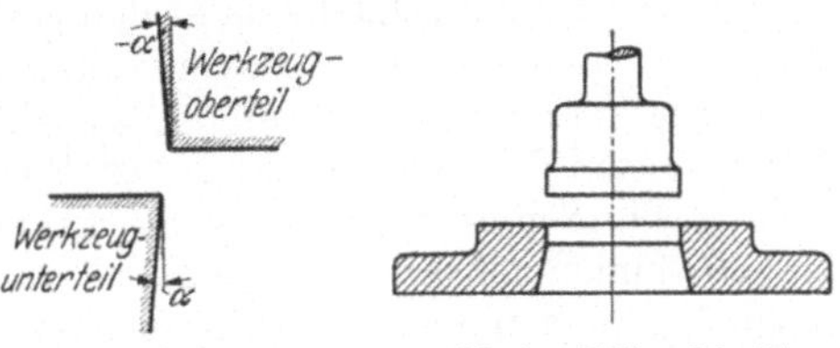

Abb. 63. Stempel mit negativem Freiwinkel.

Abb. 64. Billige Schnittausführung.

Ausführung an Schnittplatten häufiger. Die Höhe dieser senkrechten Fläche errechnet sich aus der geforderten Schnittzahl, aus dem Werkstoffverlust von etwa 0,15 mm je Schliff und aus der Stückleistung je Scharfschliff. Eine größere Höhe als 3 ⋯ 5 mm kann man jedoch dieser Fläche nicht geben; denn die mit dem Schnittvorgang verbundene Reibung nützt die Fläche langsam trichterförmig aus. Es findet dann kein Schneiden, sondern ein Abquetschen statt. Dem an die Fläche anschließenden Freiwinkel gibt man eine Größe von etwa 3°. Der billigeren Herstellung wegen findet man auch Formen wie in Abb. 64 (für Stempel) und 65 (für Schnittplatten). Für das Werkzeugunterteil sind die Reibungsverhältnisse ganz besonders ungünstig, wenn die Schneide einen geschlossenen Linienzug darstellt und der ausgeschnittene Werkstoff

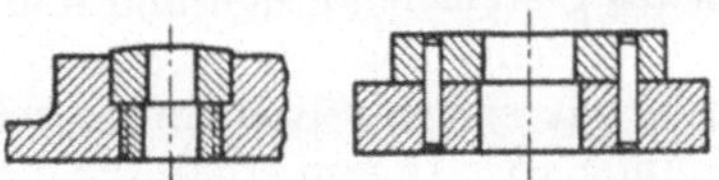

Abb. 65. Billige Schnittplatten mit Freiwinkel.

nach unten wegfallen soll. In diesem Falle muß entweder das Werkzeugoberteil den Ausschnitt einzeln durch die Schnittplatte hindurchdrücken (langer Reibungsweg), oder ein ausgeschnittenes Stück muß das andere zur Schnittplatte herausdrücken (Zusatzbelastung für das Werkzeugoberteil). Für die Schnittplatte ist also der Freiwinkel von besonderer Wichtigkeit.

b) Die Vorteile eines Freiwinkels wurden oben besprochen. Eingeengt wird seine Anwendung, weil er die ohnehin hochbeanspruchte Schneide schwächt. Bei schweren Schnitten ist weiter zu beachten, daß die Reibung nicht nur beim Schneiden selbst, sondern auch bei der Rückwärtsbewegung des Stempels überwunden werden muß. Durch das Spiel zwischen den Schneiden wird das hergestellte Loch kegelig. Diese Erscheinung verstärkt sich noch, wenn man dicken Werkstoff hoher Elastizität verarbeitet, weil nach der Trennung der den Stempel umgehende Stoff sich wieder zusammenzieht und das Loch noch mehr verengt (Abb. 66). Der Stempel hängt also regelrecht in dem von ihm hergestellten Loch und muß während des Abstreifens neben der Reibungsarbeit auch noch Formänderungsarbeit leisten, die sich meistens nicht nur auf die Trennfläche beschränkt, sondern auch den umgebenden Stoff verbiegt. Die Schneiden verschleißen dabei vom Rücken her. Kommt dann noch hinzu, daß das Loch wegen seiner kegeligen Form nachgearbeitet werden muß, so vermeidet man den Freiwinkel, damit der zylindrische Stempelschaft das Loch während des Fließvorganges formen kann, bei großer Federung des Bleches wendet man sogar einen negativen Freiwinkel an, um durch das Nachdrücken des kegeligen Stempels ein Fließen in dem bereits durchschnittenen Werkstoff zu bewirken, damit die Elastizität zu überwinden und eine bleibende Formänderung zu erzielen.

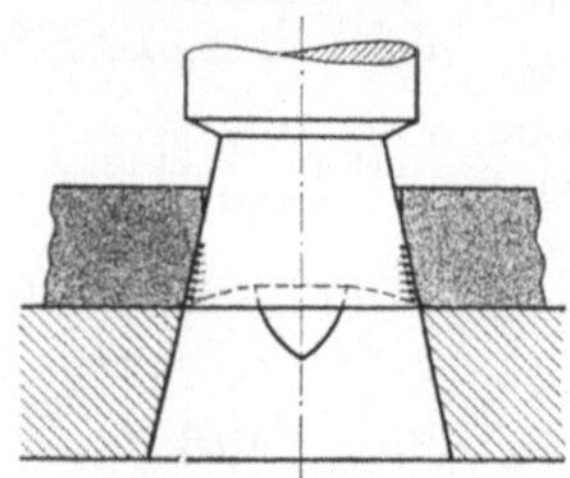

Abb. 66. Werkstoff hängt am Stempel mit den Freiflächen.

c) Ähnliches gilt für die Schnittplatte. Genügt die beim Schnitt erreichte Glätte der Trennungsfläche nicht den gestellten Anforderungen, so kann man mit Hilfe von Schlicht- und Polierwerkzeugen diesen Mangel abstellen. *Schlichtwerkzeuge* (verengertes Spiel): Die Schnittplatte erhält genau die geforderten Abmessungen des Werkstückes. Der Stempel wird so groß gehalten, daß er eben noch in die Schnittplatte geht. Bei 5 mm dickem weichem Stahl genügen 0,07 bis 0,08 mm Spiel längs der Schnittkante. Die Schnittplatte wird so sauber wie möglich poliert und läuft kegelig aus, um das Herausfallen des fertigen Werkstückes zu erleichtern. Wichtig ist eine genaue Zuführung, damit rund herum gleichviel Werkstoff abgeschabt wird. Das Werkstück bekommt ein so sauberes Aussehen, wie wenn es von der Fräsmaschine käme. *Polierwerkzeuge* (negativer Freiwinkel): Anschließend kann man das Werkstück durch ein Werkzeug gehen lassen, das dem obigen gleicht mit dem Unterschied, daß es statt der kegeligen Erweiterung der Schnittplatte hinter der Schneidkante eine geringe Verengerung um etwa 0,05 mm längs der Schneidkante zeigt. Die Schnittplatte muß sehr sauber poliert und stark gehärtet werden. Die Wirkung des Werkzeuges beruht darauf, daß die Kanten des Werkstückes infolge des zum Durchpressen notwendigen Druckes etwas gestaucht werden und daß die so erzeugte Reibung poliert (Nachschneiden).

41. Schneiden mit spitzem Keilwinkel. In Abb. 10 sind Schneiden mit rechtem und mit spitzem Keilwinkel schon gegenübergestellt. Ein Schnittversuch mit Kupfer 15 × 15 mm ergab für die Keilwinkel $\beta = 90°$ und $\beta = 85°$ die Weg-Kraft-Schaubilder Abb. 67.

a) *Vorteile des spitzen Keilwinkels.* Der zur gegenseitigen Annäherung der Schneiden notwendige Druck wächst mit der Eindringungstiefe der Schneiden in den Werkstoff — wenigstens bis zu einem bestimmten Punkt. Setzen nun Schneiden mit spitzem Keilwinkel auf den Werkstoff auf, so werden zunächst die an der Schnittebene gelegenen Kanten der Schneiden die Kraftübertragung übernehmen und erst allmählich die unteren Flächen dazu herangezogen werden. Bei den Schneiden mit 90° Keilwinkel nehmen sofort die ganzen unteren Flächen, soweit es Elastizität von Werkzeug und Werkstoff erlauben, an der Kraftübertragung teil. In demselben Maße wird sich der Fließvorgang bei spitzem Keilwinkel auf eine viel geringere Werkstoffbreite als beim 90°-Keilwinkel erstrecken.

Da nun Fließen in diesem Falle ein Abgleiten von Werkstoffschichten über andere unter dem Einfluß hoher Druckkräfte ist und dies Fließen nicht in der allgemeinen Kraftrichtung, sondern unter einem Winkel zu dieser erfolgt, so sind erhebliche innere Reibungsarbeiten zu leisten. Je geringer also die durch Fließen verursachte Formänderung ist, desto geringer muß auch die zur Trennung aufgewandte Arbeit sein, desto mehr muß sich die Trennungsfläche der Schnittebene nähern. Der zur Trennung notwendige Höchstdruck ist bei dem obenerwähnten Versuche um

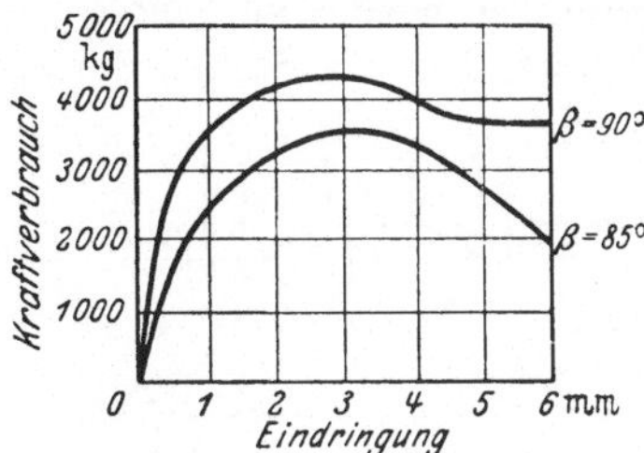

Abb. 67. Kraftverbrauch in Abhängigkeit von der Eindringungstiefe für Kupfer bei $\beta = 85$ und 90°.

etwa 22%, die aufzuwendende Arbeit um etwa 25% bei $\beta = 85°$ niedriger als bei $\beta = 90°$ (zu Abb. 67).

b) *Nachteile des spitzen Keilwinkels.* Der Nachteil spitzer Keilwinkel liegt in der hohen Schneidenbelastung und ihrer Folge, dem Schartigwerden der Schnittkanten. Unter dem Einfluß des eingeleiteten Druckes P (Abb. 68) sucht der Werkstoff zu kippen. Folgt er dieser Neigung, so wird dadurch das Drehmoment $P_w \cdot b$ wachgerufen. Namentlich zu Beginn des Schneidens, wenn der Werkstoff noch am ehesten Bewegungsfreiheit hat, kann dies Drehmoment der Schneiden-

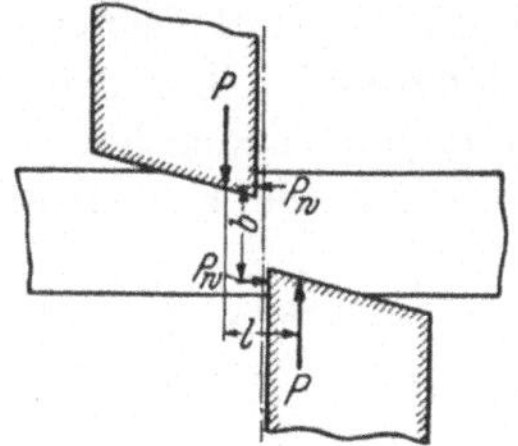

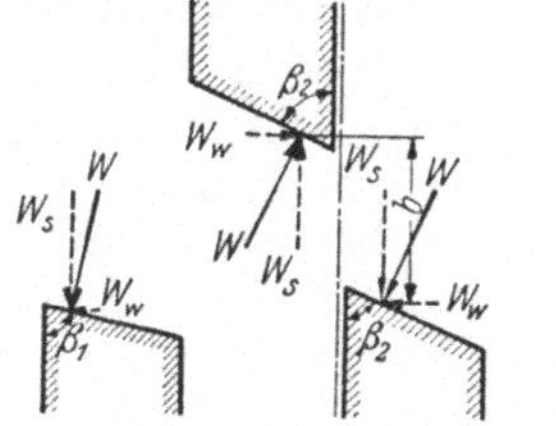

Abb. 68. Entstehen des Kippmomentes. Abb. 69. Kräfte beim Schnitt.

schärfe bös mitspielen, weil zunächst die Schnittkante fast allein die Kraft überträgt, die Möglichkeit also besteht, daß die Kraftwirkungen durch Unebenheiten und ungleichmäßige Dicke des Werkstoffes auf einzelne Punkte zusammengedrängt werden. Der vom bearbeiteten Werkstoff geäußerte Widerstand ist W (Abb. 69). Während der senkrechte Teil dieser Kraft W_s der Bewegung der Schneide entgegenwirkt, verhütet das Drehmoment der waagerechten Kräfte W_w eine Werkstoffbewegung infolge des Drehmoments $P_w \cdot b$ (Abb. 68). Je spitzer der Keilwinkel, desto kleiner die Teilkraft W_s, desto größer die Teilkraft W_w (Abb. 69). Der Keilwinkel ist also so zu wählen, daß das Drehmoment $W_w \cdot b$ (Abb. 69) eine Bewegung des Werkstoffes unter dem Einfluß des Drehmoments $P_w \cdot b$ (Abb. 68) verhütet.

c) *Der Schnitt mit stumpfer Schneide.* Je größer der Schnittdruck, je größer die Reibungszahl zwischen Schneide und Werkstoff, um so schädlicher die Wirkung der Reibungsarbeit auf das Werkzeug. Wenn man von Zunder nicht ganz gesäuberten Werkstoff durch Schneiden mit spitzem Keilwinkel verarbeitet, werden sich die Schnittkanten bald nach einem mehr oder minder großen Halbmesser R (Abb. 70 u. 71) abrunden. Das Kräftespiel an der Schneide verläuft nicht mehr nach Abb. 69, sondern wie die schematische Darstellung b in Abb. 70 zeigt: Die Größe des Keilwinkels β ändert sich fortgesetzt und nimmt sogar Werte über 90° an (Abb. 71). Die Einzelkräfte W_w rufen an der Abstumpfung teils rechtsdrehende, teils linksdrehende Momente hervor. Bei richtig konstruierter Schneidenform kann also beim Nachlassen der Schneidenschärfe die bezweckte Wirkung des spitzen Keilwinkels zum Teil wieder aufgehoben werden. Gleichzeitig steigt der Kraft- und Arbeitsbedarf; denn die Stellen der Schneiden mit dem Größtdruck entfernen sich von der Schnittebene. Damit gleiten die Werkstoffschichten nicht mehr nahe an den

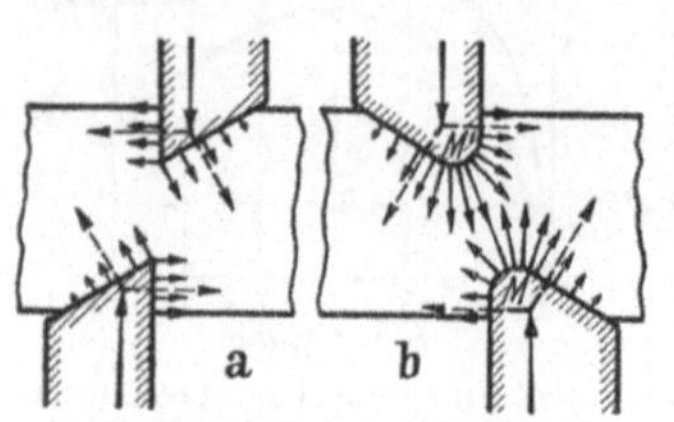

Abb. 70. Kräfte an scharfen und stumpfen Schneiden.

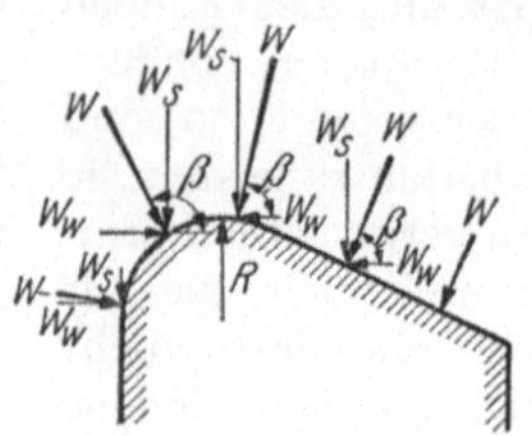

Abb. 71. Kraftrichtungen an stumpfer Schneide.

Abb. 72. Mit stumpfen Schneiden geschnitten.

Schneiden ab. Die Trennungsfläche neigt sich gegen die Senkrechte mit abnehmender Schärfe des Werkzeuges. Häufig genug verrät noch das fertige Werkstück den Schneidenzustand des Werkzeuges, mit dem es hergestellt wurde (Abb. 72).

d) *Auswertung.* Schneiden mit spitzem Keilwinkel sind also geeignet, den Kraft- und Arbeitsbedarf herabzusetzen und der Neigung des Werkstoffes, sich zwischen die Schneiden zu klemmen, entgegenzuwirken. Man wird sie da anwenden, wo der Werkstoff im Verhältnis zur Schneide nicht zu hart ist, weil sonst die Schneidenschärfe bald nachläßt, und dann, wenn die Ersparnisse an Kraft- und Arbeitsbedarf nicht durch Mehrkosten der Herstellung und Instandhaltung verzehrt werden. Betriebstechnisch notwendig wird geradezu ihre Anwendung, und zwar an dem weichen Werkzeugteil, wenn man mit verschieden harten Werkzeugteilen arbeitet, weil nach dem Stumpfwerden bei spitzem Keilwinkel die Schneide leichter wieder herzustellen ist.

e) *Praktische Ausbildung.* Die praktische Ausbildung der Schneide mit spitzem Keilwinkel zeigen an einigen Beispielen die Abb. 73···74. Formen wie Abb. 75, Ausdrehung des Stempels, Andrehung der Schnittplatte, sollen das Schleifen bzw. Dengeln erleichtern.

42. Messerschnitte nehmen in diesem Zusammenhang

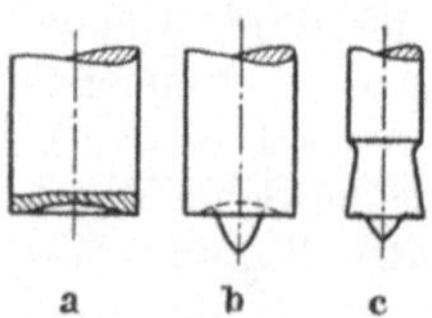

Abb. 73. Werkzeuge mit spitzem Keilwinkel.

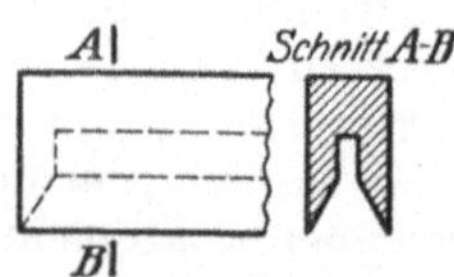

Abb. 74. Stempel mit spitzem Keilwinkel.

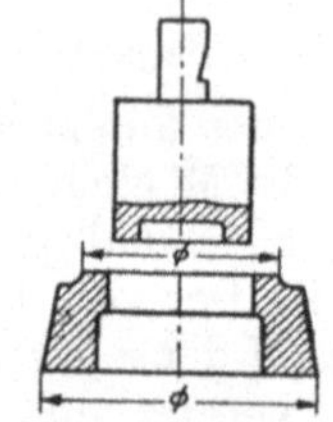

Abb. 75. Ausdrehungen an den Werkzeugen zur Erleichterung des Schärfens.

eine besondere Stellung ein. Es gibt eine Anzahl Stoffe, die mit den bisher geschilderten Werkzeugen nicht bearbeitet werden können. Leder würde sich z. B. in der Schere abbiegen, so daß ein genaues Schneiden nicht möglich ist, Pappe und ähnliche Stoffe würden infolge der mengenmäßig starken Stoffverdrängung zerreißen. Derartige Stoffe bearbeitet man daher nur mit einem Stempel, die Schnittplatte ersetzt man durch eine hölzerne, bleierne oder ähnliche Unterlage. Dieser Messerschnitt (Abb. 76) mit einem Keilwinkel bis zu höchstens 60° bietet elastischen Stoffen kaum eine Fläche, welche die zur Querdehnung des Werkstoffes notwendige

Kraft auf diese überträgt. Anwendbar ist der Messerschnitt überall da, wo ein verhältnismäßig niedriger Werkstoffwiderstand die Verwendung des genannten Keilwinkels gestattet.

Grundsatz bei der Gestaltung ist, daß mit Rücksicht auf die Maßhaltigkeit die Trennflächen an dem herzustellenden Stück durch gerade Schneiden ausgeführt werden. So ergeben sich Loch- und Umrißschnitte. Bei den Lochschnitten drängt sich infolge der Verengung des Raums zwischen den Schneiden der Ausschnitt so fest zusammen, daß er unter Umständen herausgebohrt werden muß. Man wendet sie daher nur an, wenn keine andere Möglichkeit besteht. Messerschnitte für große Stückzahlen werden aus dem Vollen hergestellt. Die Schneiden bleiben während der Herstellung und des Härtens wegen der Verbrennungsgefahr stumpf und erhalten erst durch Schleifen ihre Schärfe.

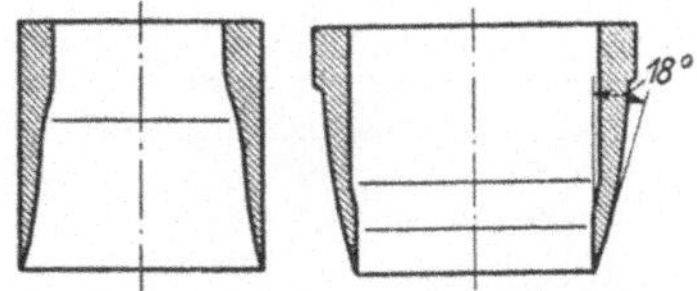

Abb. 76. Stempel für den Messerschnitt (links für Lochungen, rechts für Ausschnitte).

Messerschnitte für verwickelte Umrißformen stellt man dadurch her, daß man ein Stück Bandstahl der gewünschten Form entsprechend biegt.

Eine besondere Ausführungsform stellt Abb. 77 dar. Man verwendet sie, um zugeschnittenen Gummi-, Fiber-, Tuchplatten genaues Maß zu geben. Da diese Stoffe in sich nachgiebig sind, pressen sie sich unter dem Schnittdruck beim Zuschneiden auf Scheren zusammen und dehnen sich seitlich aus, aber nicht gleichmäßig über den ganzen Querschnitt, sondern Stempel und Schnittplatte halten den Stoff oben und unten fest. Infolgedessen ist die Dehnung in der Mitte des Werkstoffes am stärksten. Beim Nachlassen des Schnittdruckes zieht sich der Werkstoff mehr oder minder wieder zusammen (Abb. 78). Man schneidet ihn daher auf der Schere etwa 5 mm größer aus und gibt ihm mit dem dargestellten Werkzeug sein genaues Maß. Dabei ist das Spiel zwischen Messerschnitt und Stempel — soweit man von einem solchen reden kann — von keinem Einfluß auf die Ausschnittgröße, da der Stempel nur noch den Zweck der genauen Zubringung hat.

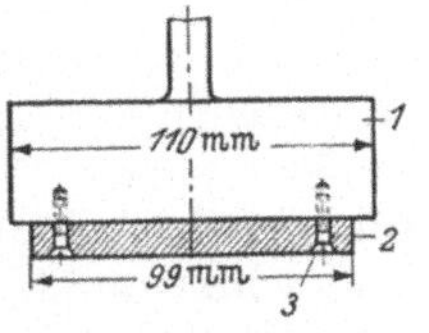

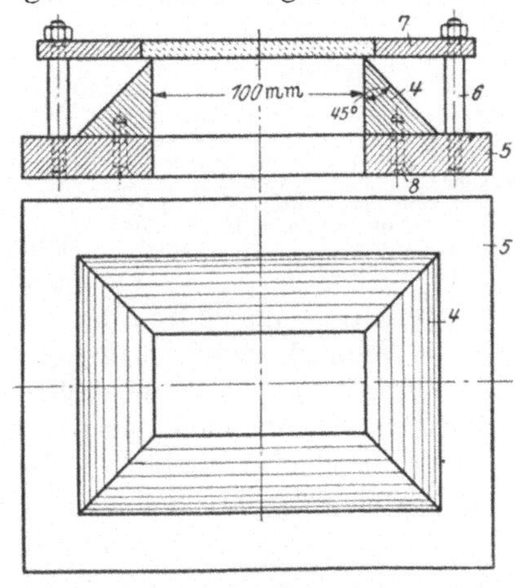

Abb. 77. Schnitt zum Nachschneiden von Gummi, Fiber u. dgl.

1 = Stempelkopf; 2 = Stempel für Zubringung; 3 = Befestigungsschrauben zwischen 1 und 2; 4 = Messer; 5 = Grundplatte; 6 = Befestigungssäulen für 7; 7 = Einlegeplatte; 8 = Befestigungsschrauben zwischen 4 und 5.

Eine weitere Art des Messerschnittes[1] ist in der Abb. 79 beschrieben. f ist eine etwa 6 mm dicke ungehärtete Schablone aus chromlegiertem Stahlblech. g ist das zu besäumende Werkstück. Im Stempelkopf a sind zwei Gummiplatten b, in ihren Abmessungen etwa 15···20 mm größer als die Schablone f, allseitig eingespannt, so daß bei Druckbeanspruchung nur eine Richtung zum Ausweichen bleibt, auf das zu bearbeitende Stück zu, das so zunächst festgehalten wird und von dem dann durch Biegen um die scharfe

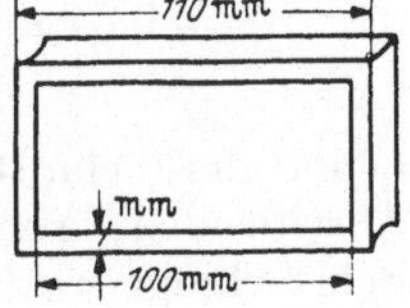

Abb. 78. Werkstoff mit 5 mm Zugabe ringsum nach dem Schnitt mit der Schere.

---

[1] Vgl. Z. VDI Bd. 8 (1939) Nr. 27, S. 811 u. STEHLE, M.: Neue Werkstoffe für Stanzereiwerkzeuge.

Kante der Schablone der Rand abgetrennt wird. Anwendbar ist dies Verfahren
für Leichtmetall-, Messing- und Kupferbleche sowie für Stahlbleche bis zu
1,5 mm Dicke.

43. Anwendung der Scherschräge. **a)** Die Scherschräge wendet man bei großen
Schnitten an, wo Druckausgleich unbedingt notwendig wird, selbst wenn ihre
Anbringung die Herstellung wesentlich erschwert und man einen Mehraufwand an Arbeit, die der Verformung des Bleches dient, mit in Kauf nehmen muß. Würde z. B. der Stempel in Abb. 80 auf seiner ganzen Fläche gleichzeitig anfassen, so würden bei dem auftretenden Druck die seitlich stehenbleibenden Streifen sich verbiegen. Weiter fällt ins Gewicht, daß man mit leichteren, handlicheren und schnelleren Maschinen unter Verwendung weniger hochwertigen Stoffes für die Werkzeuge arbeiten kann.

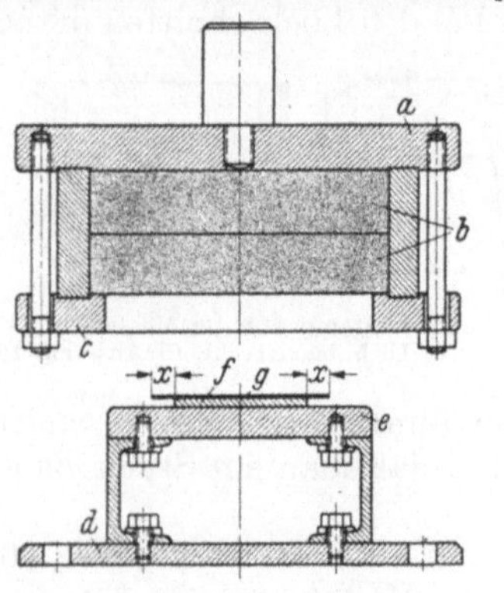

Abb. 79. Vielseitig verwendbares Werkzeug zum Ausschneiden von Blechteilen mit Hilfe von Gummi. a = aus Stahlplatten zusammengesetztes Oberteil; b = Platten aus Sondergummi; c = Unterplatte des Oberteiles; d = aus Stahlplatten mit einem gegossenen Zwischenstück zusammengesetztes Unterteil; e = Deckplatte des Unterteils; f = Schneidschablone; g = Blech, aus dem der Ausschnitt hergestellt werden soll.

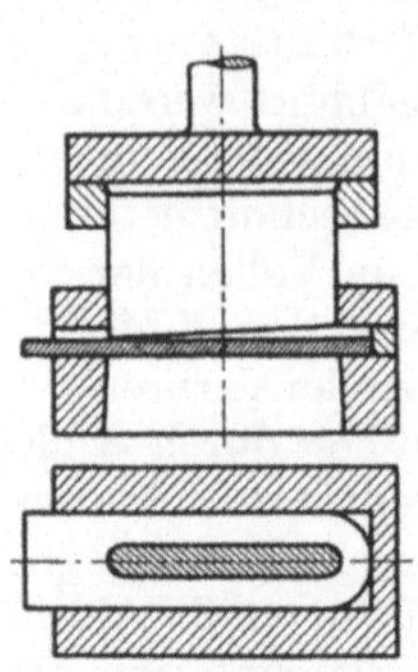

Abb. 80. Scherschräge an einem Lochstempel.

Die stoßdämpfende Wirkung der Scherschräge beruht auf zwei Erscheinungen:

Erstens wird durch die Schrägstellung der Schneide der Keilwinkel verkleinert (Abb. 81), der notwendige Höchstdruck also herabgesetzt (s. Abb. 42).

Zweitens gelangt durch die Schräge nicht der ganze Querschnitt unvermittelt
vor die Schneide, sondern immer nur ein Teil des gesamten Querschnitts. Durch
die Scherschräge wird der Schnittvorgang in drei Phasen gegliedert: das Anschneiden, das Ausschneiden und dazwischen die Zone mit
gleichbleibender Schnittlänge. Die schraffierten Flächen in
Abb. 82 geben den Teil des Querschnittes an, der mit gleich-

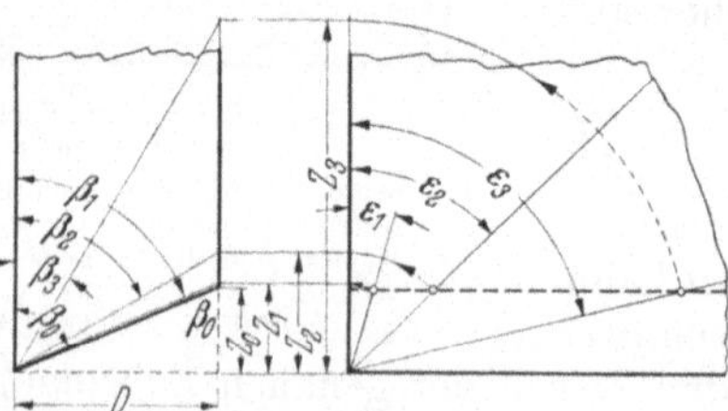

Abb. 81. Verkleinerung des Keilwinkels durch die Scherschräge.
Bei einer Schrägstellung der Schneide um $0°$ ($\varepsilon = 0$) ist der wirksame Keilwinkel β_0,
" " " " " " " $\varepsilon = \varepsilon_3$ " " " " β_3,
β_3 errechnet sich $\operatorname{tg} \beta = \dfrac{D}{Z}$, $Z = \dfrac{Z_0}{\cos \varepsilon}$, $\operatorname{tg} \beta = \dfrac{D \cdot \cos \varepsilon}{Z_0}$.

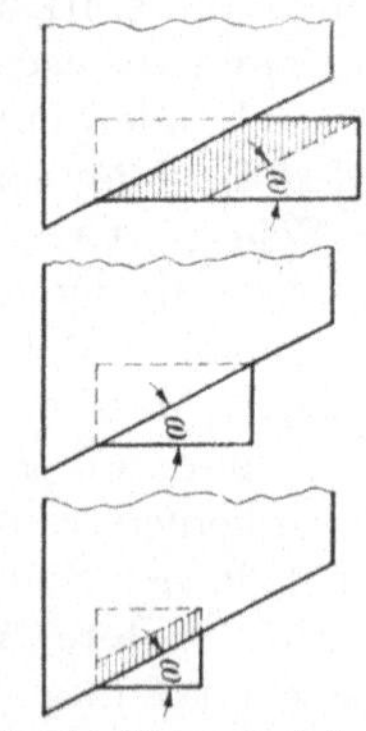

Abb. 82. Die geometrischen Verhältnisse an der Scherschräge.

bleibender Schnittlänge getrennt wird. Das Dreieck links oben ist die Zone des
Anschneidens, rechts unten die des Ausschneidens. Durch die Anwendung der
Scherschräge wird der notwendige Hub allerdings verlängert.

b) Die auftretenden seitlichen Drucke hebt man meistens durch entgegengesetzte Neigung auf (Abb. 83 u. 84). Beim Lochen ist die Scherschräge an dem

Werkzeugoberteil, beim Ausschneiden an der Schnittplatte anzubringen; denn der um den Ausschnitt stehenbleibende Stoff wird gegen die Schnittplatte gedrückt und biegt sich wenigstens in der näheren Umgebung des Schnittes nach der Schnittplattenoberfläche. Der Ausschnitt selbst paßt sich der Stempelstirnfläche an. Hieraus ist zu erkennen, wie wichtig es zur Erzielung ebener Werkstücke ist, Schnittplatte und Stempel genau parallel zueinander auszurichten. In dem Bestreben, möglichst wenig bleibende Verbiegungsarbeit zu leisten und daher den Abfall wieder benutzen zu können, ist es am besten, Schnitte nur mit zwei Hochpunkten zu versehen. Auf diese Weise wird der Abfall nur einfach um eine Kante gebogen und zeigt Neigung zurückzufedern. Bei mehr als zwei Hochpunkten (Abb. 84) erfolgen örtliche Dehnungen, die den Abfall in eine gewölbte Form zwingen.

Abb. 83 u. 84. Aufhebung der Seitendrücke durch entgegengesetzte Neigung.

c) Dieses Scherprinzip läßt sich auch auf zusammengesetzte und kombinierte Werkzeuge anwenden.

Gehen bei einem Arbeitshub mehrere Stempel durch den Werkstoff, so ist es meist üblich, die zum Druckausgleich notwendige Staffelung der Stempel so durchzuführen, daß der zweite auf den Werkstoff aufsetzt, wenn der erste ihn durchdrungen hat. Unter Berücksichtigung der Schaubilder (Abb. 40 u. 42) ist es zweckmäßiger, den zweiten Stempel dann zum Schnitt ansetzen zu lassen, wenn der erste die Periode des Höchstdruckes überwunden hat. Auf diese Weise läßt sich eine Druckverteilung schaffen, die die ersterwähnte Schnittweise an Gleichmäßigkeit übertrifft, ohne wesentlich deren Druckhöhe zu überschreiten. Der sich ergebende kleinere Hub gestattet die Verwendung kürzerer, daher widerstandsfähigerer Stempel und höherer Hubzahlen.

Bei Stoffen mit hoher Scherfestigkeit verbiegt sich der umgebende Stoff, ehe die Trennung erfolgt, da die Druckspannung sehr oft eher die Quetschgrenze erreicht, als die Schubspannung den Widerstand des Stoffes überwindet. So kann beim Arbeiten mit mehreren Stempeln sich der Werkstoff an einem Stempel festklemmen, unter Umständen, wenn die Werkstoffbewegung gerade dann erfolgt, wenn ein zweiter Stempel aufsetzt, dieser abgebrochen werden. Damit die Werkzeugteile nicht gegeneinander verschoben werden, sollte das Werkstück von den Schneiden an zwei möglichst diagonal um die senkrechte Stößelachse verteilten Stellen erfaßt werden (Abb. 85 a). Empfehlenswert ist es, diese Punkte so weit wie

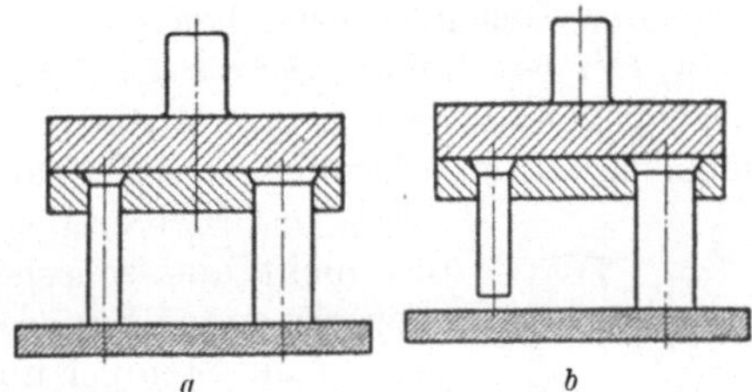

Abb. 85. Werkzeuge mit mehreren Stempeln.

möglich auseinanderzurücken und die starrsten Stempel zuerst durch den Werkstoff gehen zu lassen, damit sie den schwächeren als Führung dienen (Abb. 85 b).

44. Ziehender Schnitt. Mit dem ziehenden Schnitt erreicht man das gleiche wie mit der Schrägstellung der Schneide: eine Verkleinerung des wirksamen Keilwinkels (Abb. 86). Die zusätzliche Seitenbewegung der Schneide bewirkt, daß der volle Keilwinkel nicht schon nach dem senkrechten Weg S wirksam wird, sondern erst nach dem Weg $\sqrt{S^2 + W^2} = Z$, wobei Z den Weg angibt, den die Schneide an irgendeinem beliebigen Punkt des abzutrennenden Werkstoffs vorbei ausführt. Man wendet den ziehenden Schnitt häufig in Verbindung mit der Scherschräge an, wenn man auf einer möglichst geringen Stoffzone eine Druckwirkung ausüben will,

z. B. bei Gummi, Leder, Kork, weil diese sonst ihre Form verlieren könnten, oder weil sie dem Druck einfach ausweichen, wie z. B. Papier, Filz, Tuche. Man lenkt die Kraftwirkung also mehr oder minder in die Stoffrichtung um, wobei aus Druck in dem gleichen Maße Zug wird.

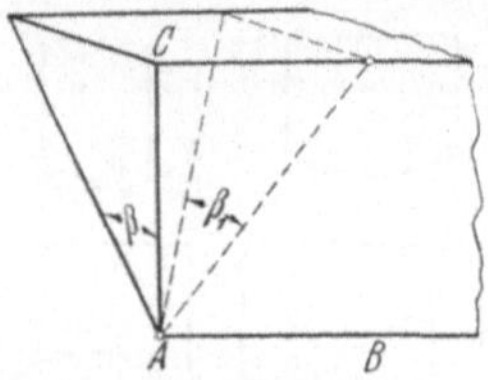

Abb. 86. Wirkungsweise des ziehenden Schnittes.

Wandert das Messer auf senkrechtem Wege von C nach A und gleichzeitig waagerecht von A nach B, so ist der wirksame Keilwinkel nicht β, sondern β_1, d. h. er ist kleiner als β. — Ersetzt man in Abb. 81 den Wert Z durch die Wurzel aus dem Quadrat des waagerechten (W) und senkrechten Weges (S) des Messers im Werkstoff, so erhält man den wirksamen, verkleinerten Keilwinkel β aus

$$\operatorname{tg} \beta = \frac{D}{\sqrt{S^2 + W^2}} \, .$$

Abb. 87. Form eines unter einer Tafelschere abgeschnittenen Streifens.

Eine besondere Verbindung von Schrägstellung der Schneide mit ziehendem Schneiden ergibt sich bei der Verwendung von Rollmessern. Auch hier kann man wieder Messerschnitte und zweiteilige Werkzeuge feststellen. Bemerkenswert sind sie deswegen, weil beim Rollmesser mit jeder Änderung der Stellung zum Stoff die Scherschräge sich ändert (s. Abschn. 8).

Neuerdings wendet man aber auch den ziehenden Schnitt bei Tafelscheren an, allerdings nicht allein zur Herabsetzung des Schnittdrucks, sondern um einen geraden Schnitt zu erzeugen. Bei Anwendung der Scherschräge wandert der Höchstdruck während des Schneidens am Messer entlang. Der obere Messerbalken spannt und entspannt sich allmählich seitlich und erzeugt so eine gewölbte Schnittlinie (Abb. 87), während die vom steiferen Untermesser erzeugte Schnittlinie gerade ist. Durch eine seitliche Bewegung kann man das Ausfedern des oberen Messerbalkens vermeiden, mindestens verkleinern.

45. Herabsetzung der Schneidenbelastung. Besondere Maßnahmen werden erforderlich, wenn die Abmessungen des Stempels klein, die Beanspruchung aber groß wird, wie häufig beim Lochen.

Da mit abnehmendem Stempeldurchmesser sich der Stempelquerschnitt im Quadrat verkleinert, ist es gerade beim Lochen mit kleinen Stempeln bei den herrschenden hohen Drucken wichtig, den Stempel zu entlasten. Dies ist auf folgenden Wegen zu erreichen:

a) Für gewöhnliche Schnittarbeit stellt man einfach eine Schneide schräg. Beim Lochen versagt jedoch das Mittel der einseitigen Schräge, weil der Stempel abgebogen würde. Deswegen muß man durch gegeneinander angeordnete Scherschrägen Druckausgleich schaffen (s. Abb. 88 u. 83, 3). Reicht auch dies nicht aus, so erhält auch die Schnittplatte Scherschrägen, ebenfalls unter Berücksichtigung des Druckausgleichs. Die Hochpunkte an Stempel und Schnittplatte müssen beim Einspannen einander zugeordnet werden. So wird die zu leistende Arbeit auf einen größeren Weg verteilt. Dabei muß man allerdings eine etwas größere Arbeit leisten, die dazu aufgewendet wird, das umgebende Blech nach der Schräge der Schnittplatte, den Putzen nach der Schräge des Stempels zu biegen.

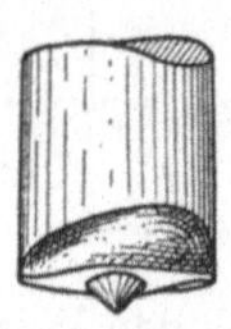

Abb. 88. Zweiseitige Schräge an einem Lochstempel.

b) Um die auftretenden Größtdrucke möglichst klein zu halten, ist die richtige Bemessung des Spiels zwischen Stempel und Schnittplatte von großer Bedeutung, weil dadurch die Bildung einer Einschnürung am Putzen und damit die Ausräumarbeit verkleinert wird. Der Putzen schießt dann in der aus

Abb. 89 ersichtlichen Form, meist mit einem Knall, heraus, wenn der Stempel um etwa ein Drittel der Plattendicke in diese eingedrungen ist.

c) Wird die Beanspruchung der Schneiden so groß, daß diese ohne Rücksicht auf das Aussehen des Putzens und auf den notwendigen Arbeitsaufwand entlastet werden müssen, um überhaupt schneiden zu können, so zieht man den ganzen Stempelquerschnitt zur Kraftübertragung heran und vermindert dadurch die Spannung an den Schneidkanten. Weiter oben (Abb. 53) wurde erwähnt, daß sich das vor dem Stempel liegende Blech wie eine am Rande aufliegende Platte mit Flächenbelastung verhält, d.h. daß es sich vor der Stempelmitte wegbiegt. Die gleiche Wirkung erhält man, wenn man das Blech nicht dicht am Auflegerand durchdrückt, sondern mittels besonderer Stempelform (Abb. 90a···f) über die

Abb. 89. Putzenform bei richtigem Stempelspiel.

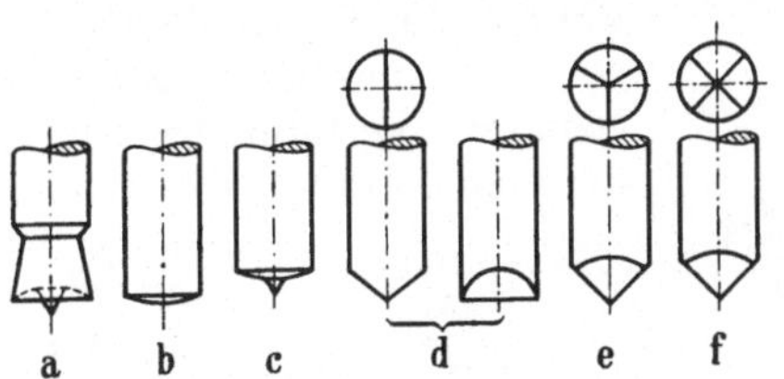

Abb. 90a—f. Lochstempelformen.

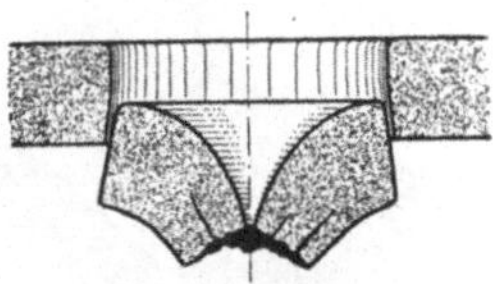

Abb. 91. Verformter Putzen (Zerstörung des Druckkegels im Werkstoff nach Abb. 22).

Schneiden der Schnittplatte nach der Mitte zu hereinzieht; man arbeitet dann mit negativem Keilwinkel und braucht Stempelformen, wie diese, die verhältnismäßig leicht herzustellen und instandzuhalten sind. Der Fließvorgang wird also nicht durch Druck, sondern durch Druck und Biegung eingeleitet und hauptsächlich in den Putzen verlegt, um den Lochrand im Hinblick auf die spätere Verwendung zu schonen. Die Schneiden werden entlastet, aber der Arbeitsaufwand, der sich in der vollständigen Verformung des Putzens äußert, wird größer (Abb. 91).

d) Wie schon erwähnt, tritt beim Lochen ein Fließen von Stoffteilchen ein. Um dem Werkstoff Zeit zu lassen, vor dem Stempel abzufließen, kann man geringe Schnittgeschwindigkeiten verwenden und so die Größtkräfte herabsetzen.

e) Der zu bearbeitende Werkstoff läßt sich zuweilen in einen Zustand bringen, der den Stoffteilchen das Abfließen erleichtert. Beim Stahl ist z.B. Bearbeitung im glühenden Zustand vorteilhaft, weil dessen Widerstandsfähigkeit bei 500° nur noch die Hälfte der ursprünglichen Festigkeit beträgt, bei etwa 600° nur noch

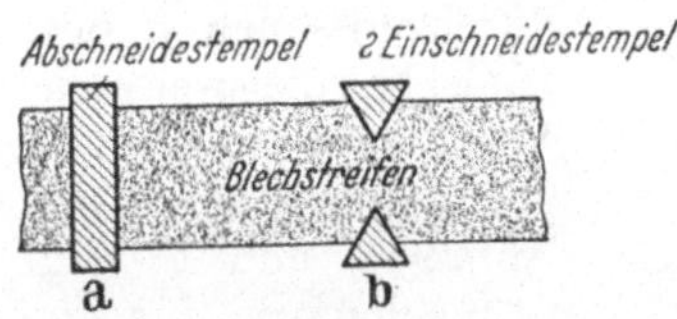

Abb. 92. Ausklinken von Gehrungen.

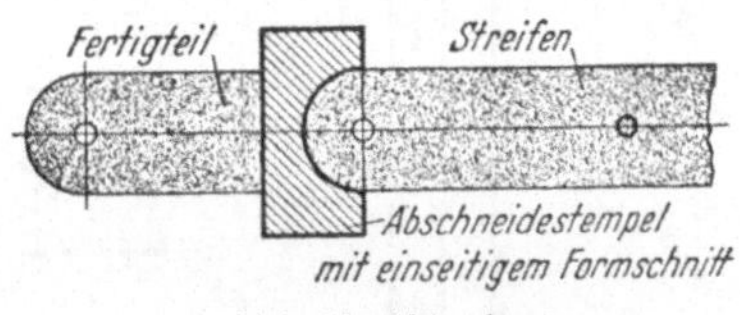

Abb. 93. Abhacken.

ein Viertel. Den Stanzwiderstand von Leder kann man durch Dämpfen um 15% herabsetzen. Hartgummi und Kunstharz wärmt man zum Schneiden bis auf etwa 100° C an.

46. Die Arbeitsverfahren beim Schneiden ergeben sich aus der Art und Weise des Schnittvorganges (Begriffsfestlegungen des AWF):

a) *Das Abschneiden* wird unter fast allen Scheren ausgeübt. Es ist das vollständige Trennen nach einer geraden, krummen oder gebrochenen, nicht in sich geschlossenen Linie. Hierzu gehören also auch das Ausklinken von Gehrungen (Abb. 92) und das Abhacken von Werkstücken aus dem Streifen (Abb. 93).

b) *Das Einschneiden* oder Schlitzen trennt den Werkstoff nur teilweise (s. Abb. 98).

c) *Das Ausschneiden* und

d) *das Lochen* sind schon wiederholt besprochen (Abschn. 6 u. 18C).

e) Durch *das Beschneiden* entfernt man von gebogenen und gezogenen Teilen den überflüssigen Werkstoff, namentlich bei solchen Werkstücken, die mit Blechhaltung gezogen werden; denn zum Halten ist natürlich auch Werkstoff notwendig, der nach dem Ziehen nicht mehr gebraucht wird. Dadurch entstehen Unsicherheiten in der genauen Größe des Zuschnittes; man gibt deshalb Werkstoff zu und muß das Werkstück nach dem Ziehen beschneiden (Abb. 94).

f) *Das Abgraten.* Ähnlich wie beim Ziehen und Biegen muß auch beim Kalt- und Warmpressen sowie beim Gesenkschmieden mit Stoffüberschuß gearbeitet werden, damit man die Gewähr hat, daß der Werkzeughohlraum sich vollständig füllt und dabei noch genügend Verformungsdruck erhält. Dieser Stoffüberschuß drängt sich als Grat zwischen die Werkzeugteile und muß nach der Verformung entfernt werden (Abb. 95).

g) *Das Nachschneiden* wird in Schabe- oder Polierwerkzeugen zur Steigerung der Maßgenauigkeit oder zur Verbesserung des Aussehens der Schnittfläche durchgeführt. Der Vorgang wurde

Abb. 94. Beschneiden.

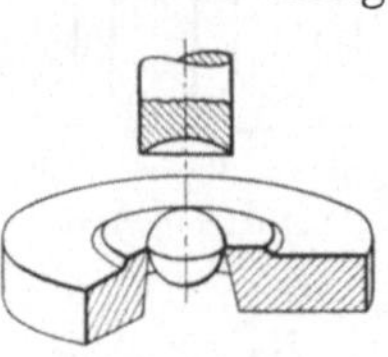

Abb. 95. Abgraten.

im Abschn. 40c beschrieben. Schneidet man nach, um die Maßhaltigkeit zu steigern, so muß man natürlich unter Berücksichtigung der schräg verlaufenden Trennfläche von der kleineren Fläche ausgehen, weil sonst keine Gewähr für das Reinschneiden gegeben ist.

h) *Beim Stechen* schneidet man nur teilweise oder unvollständig aus und verbindet mit diesem Vorgang ein Biegen oder Ziehen:

Durchreißen. Eine Vereinigung von Schneiden und Biegen stellt das Durchreißen dar. Es wird nicht mehr vollständig ausgeschnitten oder gelocht, sondern nur an drei Seiten, so daß der Ausschnitt um die vierte Seite winklig abgebogen werden muß. Durch weiteres Biegen des durchgerissenen Lappens um 90° ist beispielsweise leicht eine Verbindung zwischen zwei Blechen herzustellen (Abb. 96 a). Abb. 96 b und c zeigt eine Schneidenform für doppeltes Durchreißen.

Durchziehen. Dem Zwecke der Verbindung zweier Bleche dient häufig auch das Durchziehen (Abb. 97). Der meist runde Stempel endet in einer Spitze. Mit dieser wölbt er das Blech auf der

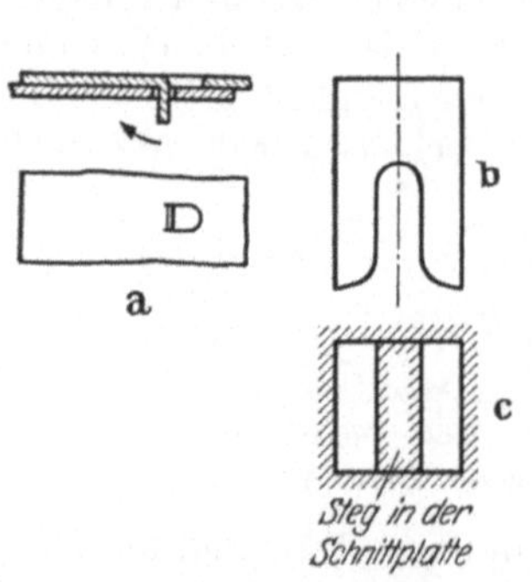

Abb. 96. Durchreißen.
a = Anwendungsbeispiel für Durchreißen;   b = Durchreißstempel;   c = Schnittplatte zu b.

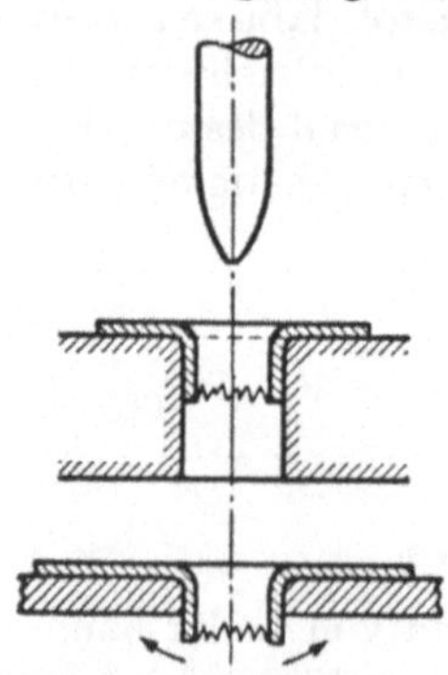

Abb. 97. Durchziehen.

Schnittplatte, deren Schneidenkanten abgerundet sind, reißt schließlich das Blech auseinander und zieht es in die Schnittplatte hinein. Der rauhe, gerissene Rand erleichtert nachfolgendes Vernieten, er kann aber auch ungewollt als Grat (Reißgrat; s. auch Abb. 32 D) auftreten, wenn das Spiel zwischen den Schneiden zu groß ist.

Wenn nach diesem Verfahren z. B. Wandungen für Naben mit Muttergewinde hergestellt werden sollen, so ist ein glatter Rand erforderlich. Durch vorhergehendes Lochen oder durch Ausbildung der Stempelspitze als Lochstempel, der in diesem Fall ohne Gegenschnitt arbeitet, ist dieser leicht zu erzielen. Bei dickerem Werkstoff (etwa über $^1/_2$ mm) läßt sich dadurch leicht eine Nietverbindung schaffen, daß man beim Lochen den Putzen nicht ganz ausstößt, sondern ihn nur zur Hälfte aus dem Blech heraustreten läßt und ihn gleichzeitig als Niet benutzt. Doch ist dies Verfahren nur für gering belastete Verbindungen zulässig. Auch bei anderer Gelegenheit ist es manchmal zweckmäßig, mehrere Arbeitsgänge zusammenzufassen.

47. Schneidenformen für besondere Fälle. a) *Erleichterung und Vorbereitung der Weiterverarbeitung*. Während man gewöhnlich die Verbiegung des Ausschnittes zu vermeiden sucht, läßt sie sich auch nützlich verwenden: Der Stempel (Abb. 98 b) erzeugt das Arbeitsstück *a*. In der nächsten Arbeitsstufe sollen die aufgebogenen

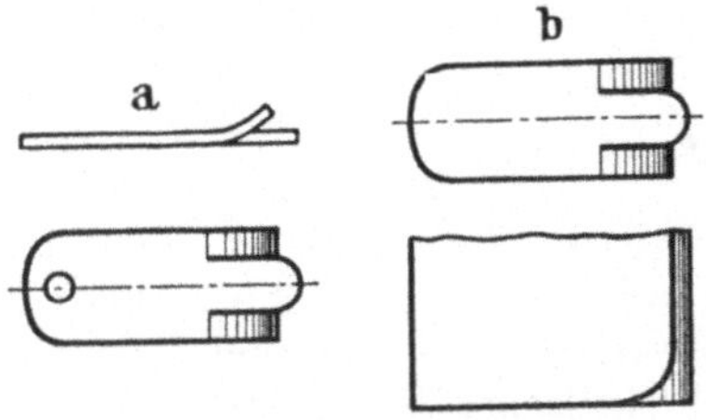

Abb. 98. Einschneiden und Biegen.
a = Werkstück; *b* = Schneidstempel.

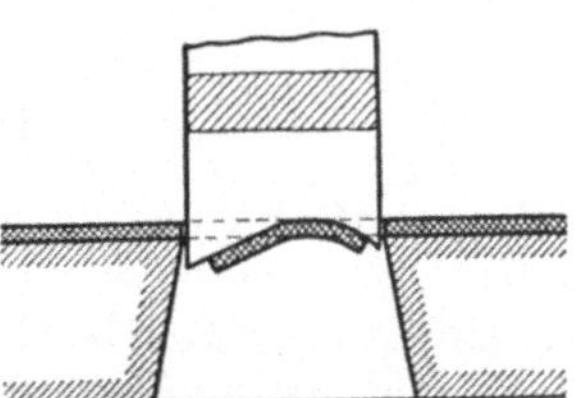

Abb. 99. Ausscheiden und Biegen.

Ecken gerollt werden. Dadurch, daß eine Aufbiegung schon während des Schnittvorganges erreicht wird, ist einer Verbiegung des glatten Teiles während des Aufrollens vorgebeugt. Das Mittel, diesen Zweck zu erreichen, ist, eine Scherschräge an den aufzurollenden Stellen anzubringen, die langsam in die waagerechte Schnittkante übergeht (Abb. 98 b).

b) *Stempel zum Ausschneiden und Biegen*. Nach demselben Verfahren kann man auch mit **einem** Stempel ausschneiden und fertigbiegen (Abb. 99). Doch ist dies nur bei Zulassung größerer Toleranzen in der Maßhaltigkeit möglich und außer für Rundungen auch für Knicke bis zu etwa $20 \cdots 30°$ anwendbar. Die Scherschräge muß um das Maß der rückfedernden Formänderung bzw. Winkeländerung größer sein.

c) *Ziehen und Schneiden*. Unter den Verbindungen des Schneidens mit anderen Verfahren als Biegen dürfte die in Abb. 100 dargestellte Zusammenfassung von Ziehen und Schneiden am häufigsten sein. Aufgabe dieses Werkzeuges ist es, das Näpfchen fertig zu ziehen und gleichzeitig auf die gewünschte Höhe abzuschneiden. Zu diesem Zweck wird der einfache Ziehstempel durch ein dreiteiliges Werkzeug ersetzt. Der eigentliche Ziehstempel wird in das Oberteil geschraubt; er hat genau die lichten Abmessungen des Näpfchens und dessen Höhe und hält als Mutter den

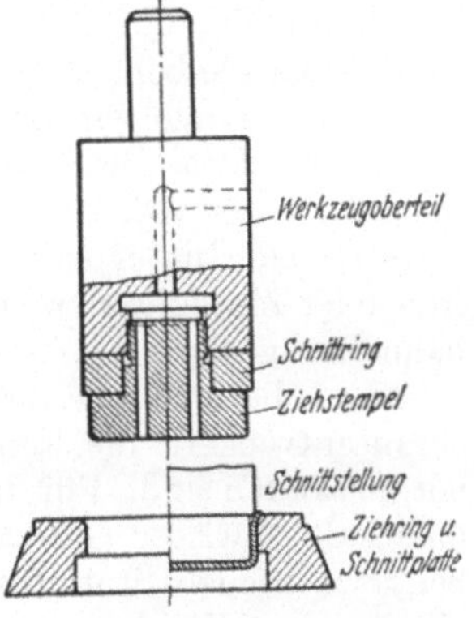

Abb. 100. Zusammenfassung von Ziehen und Schneiden.

durch einen Ansatz geführten, gehärteten und geschliffenen Schnittring. Die Außenabmessungen dieses Ringes sind so gehalten, daß er mit dem Werkzeugunterteil ein Schnittwerkzeug ergibt, das den ungleichen überflüssigen Rand des

Näpfchens abquetscht. Dadurch, daß der Schnittring beiderseitig auszunützen ist, lassen sich mit einem solchen Werkzeug hohe Stückleistungen ohne Nachschleifen erzielen. Abb. 101 zeigt eine Vereinigung von Senken und Lochen, um ein Blech mit einem anderen durch Senkkopfschrauben verbinden zu können. Weitere interessante Formen hierfür sind in Werkstatts-Technik 1930, S. 284 beschrieben.

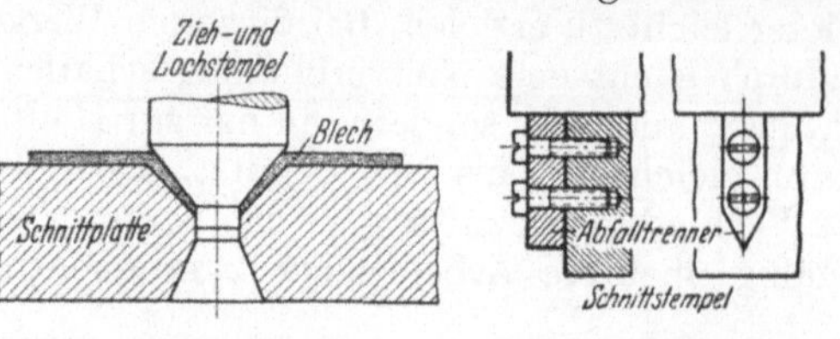

Abb. 101. Vereinigung von Senken und Lochen.   Abb. 102. Schnittstempel mit Abfalltrenner.

d) *Schneiden und Abstreifen.* Bei Verwendung eines Schnittes zum Abgraten oder zum Beschneiden von Ziehkörpern sind Abstreifer manchmal hinderlich. Man ersetzt sie dann durch Abfalltrenner, die an den eigentlichen Schnittstempeln angebracht werden, so wie es z. B. der AWF vorschlägt (Abb. 102).

III. Die Stanzerei.

48. Werkstoffe für die Stanzerei. Wievielerlei Werkstoffarten durch Schneiden und Stanzen verarbeitet werden können, läßt Tabelle 2 (S. 30) ahnen. In erster Linie ist für die *Auswahl des Werkstoffes* der Zweck des zu fertigenden Teils, also die Anforderung der *Konstruktion* bestimmend: Elektrischer Widerstand, Magnetisierbarkeit, Wärmeleitfähigkeit, Wärmeausdehnung, Anlauftemperaturen, elektro-chemische Elementbildung, Korrosionsbeständigkeit, akustische Eigenheiten, Festigkeitseigenschaften und Formstabilität, Arbeitsvermögen, Härte, Dichte, optische Erscheinungen, Hitze- und Säurebeständigkeit. — Aber auch die *Fertigung* hat einiges zur Stoffauswahl zu sagen: Der Gegenstand muß spanend oder spanlos zu formen sein oder gießbar, schweißbar, lötbar, zu nieten, zu spannen, richten usw., ohne in seiner Struktur sich so zu ändern, daß er für den gewollten Zweck ungeeignet wird, andererseits aber durch Wärme sich vergüten lassen. Er muß sich von einer Zunderhaut reinigen lassen wie überhaupt an die Oberflächenbehandlung hohe Ansprüche gestellt werden können: Lackieren und Färben, Bedrucken, Emaillieren, Versilbern, Verchromen, Eloxieren usw. Dennoch soll der Werkstoff anderweitig bearbeitbar bleiben. Alle diese vor dem Stanzvorgang liegenden oder ihnen folgenden Arbeitsgänge wirken sich auf die Gestaltung des Stanzvorganges aus. Man denke nur daran, wie sorgfältig mit Papier beklebte Dynamobleche behandelt werden müssen (Öl, Risse im Papier usw.), um nicht an Wert einzubüßen. Welche Unterschiede in der Arbeitsleitung ergeben sich allein aus der Werkstoffdicke von Alu- oder Zinnfolie usw. bis zur Stahlplatte für ein Lastwagenchassis oder Eisenbahn-Drehgestell.

Trotz dieser Vielseitigkeit der Ansprüche haben sich gewisse Standard-Stoffe herausentwickelt, die immer wieder verwandt werden können und deswegen genormt worden sind. Für das Stanzen ist wichtig, daß die einmal angegebenen Werte innerhalb gewisser Grenzen gehalten werden. Naturgemäß liegen diese Grenzen bei gewachsenen Stoffen wie Holz, Leder usw. weiter als bei technischen Erzeugnissen, deren Werden man unter Kontrolle hat. Von den genormten Werten haben für das Stanzen besondere Bedeutung:

1. die Gleichmäßigkeit der Bearbeitungs-Eigenschaften (Güte);
2. „ Gleichmäßigkeit der Dicke;
3. „ Längen- und Breitentoleranzen der Tafel, des Bandes, des Stabes.

Tabelle 3. *Genormte Stanzwerkstoffe.*

	Stoff- oder Güte- Vorschriften	Form- oder Maß- Vorschriften
Stahl	DIN	
Grobbleche über 4,75 mm Dicke	1620 1621	1543
Mittelbleche 3···4,75 mm Dicke	1622	1542
Feinbleche unter 3 mm Dicke	1623	1541
Bandstahl; warm gewalzt; 0,8···8 mm Dicke; 10···150 mm Breite	1612	1016
Breitflachstahl; über 3 mm Dicke; über 150 mm Breite	1612	1612
Breitflachstahl; von 3···40 mm Dicke; Breite 160···1000 mm	WAN 501, Blatt 3	Vorschrift B-Bahn
Breitbandstahl; Dicke 1,5···10 mm; Breite 500···1300 mm	1612	bis 12 m lang
Flachstahl; warm gewalzt; Dicke 5···60 mm; Breite 12···150 mm	1612	1017
Flachstahl; gezogen	1612	(Isa h 11) 174
Stahlbleche; legierte.	L 452	1541
Kaltgewalzter Bandstahl; Dicke 0,05···5 mm; Breite bis 1000 mm	jedwede Güte	1544
Kupfer	DIN	
Flachkupfer; gezogen; Dicke 2···20 mm; Breite 5···120 mm	1787,1750,1773	1768
Kupferblech; kalt gewalzt; Dicke 0,1···5 mm; Breite bis 1000 mm	1708/1750	1752
Kupferblech; kalt gewalzt; u. beschnitten; Dicke von 0,1 mm an; Breite bis 600 mm	1708/1750	1792
Bronze	DIN	
Blech aus Bronze; Dicke 0,1···12 mm; Breite bis 350 mm . . . . }	WBz 6 }	} 1777
Band aus Bronze; Dicke 0,1···12 mm; Breite bis 160 mm . . . . }	1779/1750 }	}
Messing	DIN	
Blech; kalt gewalzt; Dicke 0,1···5 mm; Breite bis 1000 mm	1709/1774/1750	1751
Band; kalt gewalzt und beschnitten; Dicke 0,1···4 mm; Breite bis 600 mm. . .	1709/1774/1750	1791
Blech und Band für Federn; Dicke 0,1···1,2 mm; Breite 3···160 mm.	1778	1777
Flachmessing; scharfkantig; Dicke 2···20 mm; Breite 4···60 mm	1776	1759
Flachmessing; mit gerundeten Kanten; Dicke 3···20 mm; Breite 10···50 mm .	1776	1760
Neusilber	DIN	
Blech und Band für Federn; Dicke 0,1···1,2 mm; Breite 3···160 mm.	1780	1777
Al-Bronze	DIN	
Bleche (Dicke; Breite; Länge angeben)	1714	—
Zink	DIN	
Zinkblech; Paketwalzung; Dicke 0,15···6 mm; Breite bis 1000 mm	1706	9721
Zinkband; Einzelwalzung; Dicke 0,15···6 mm; Breite bis 800 mm.	1706	9722
Aluminium	DIN	
Aluminiumblech; kalt gewalzt; Dicke 0,2···5 mm; Breite bis 1000 mm . . .	1712/1788	1753
Aluminiumband; kalt gewalzt; Dicke 0,1···4 mm; Breite bis 600 mm	1712/1788	1793
Flach Al; gezogen mit scharfen Kanten; Dicke 2···20 mm; Breite 5···50 mm.	1790	1769
Flach Al; gepreßt mit gerundeten Kanten; Dicke 3···20 mm; Breite 10···120 mm	1790	1770
Aluminium-Legierungen	DIN	
Blech aus Al-Legierungen; Dicke 0,2···30 mm; Breite bis 1000 mm	1745	1783
Band und Streifen-Legierungen; Dicke 0,2···3 mm; Breite bis 750 mm . . .	1745	1784
Flachstangen-Legierungen; gezogen; 2···20 mm; Breite 5···50 mm	1747	1769
Flachstangen-Legierungen; gepreßt; Dicke 3···20 mm; Breite 10···120 mm. .	1747	1770
Magnesium-Legierungen	DIN	
Blech aus Mg-Legierung; Dicke 0,3···10 mm; Breite bis 650 mm	9715	9101
Flachstangen-Legierung; gezogen; Dicke 2···20 mm; Breite 5···50 mm . . .	9715 1729	9703
Flachstangen-Legierung; gepreßt; Dicke 3···20 mm; Breite 10···120 mm. . .	9715/1729	9702

49. Zurichten des Werkstoffes für die Fertigung. Die in der Stanzerei verarbeiteten Werkstoffe sind meist blech-, band- oder stabförmig, solange es sich nicht um die Weiterverarbeitung bereits irgendwie geformter Teile handelt. Während Bänder und Stäbe meist in der für die Fertigung geeigneten Abmessung beschafft werden können, wird Blech dann als Ausgangsstoff verwendet, wenn die Fertigung stark wechselt oder jeweils nur kleinere Mengen benötigt werden. Aus diesen Blechen schneidet man Streifen oder solche Formen, wie sie die Fertigung braucht. So wandert ein gewisser Teil des Ausgangswerkstoffes in der modernen Stanzerei zunächst in die Zuschneiderei. In dieser arbeiten Tafel-, Exzenter-, Rollscheren und Dekupierstanzen, zuweilen auch Richtmaschinen.

50. Stoffleitung durch die Stanzerei. Der zugerichtete Werkstoff ist, wenn er sich nicht aufhaspeln läßt, sperrig und unhandlich. Das bedingt besondere Vorrichtungen, um das Fördern zu erleichtern. Vor Scheren findet man hierzu drehbare Rollenköpfe (Abb. 103) oder besondere Transportbahnen mit Wagen (Abb. 104). Schwenkkrane an Maschinen und Laufkrane mit entsprechenden Greifern seien erwähnt Abb. 105. Infolge von Förderschwierigkeiten erreichen manche Scheren keinen größeren Ausnutzungsgrad als 10%. Praktische Förderbehelfe sind in der Zeitschrift Maschinenbau 1927, Heft 23 u. 24 beschrieben. Der Werkstoff wird in verschiedenen Arbeitsstufen zu den Scheren und Pressen auf Hubkarren mit den aus der Abb. 106 bis 108 erkenntlichen Zusatzgestellen gebracht. Damit liegt der Werkstoff aber noch nicht auf dem Pressentisch oder in dem Werkzeug.

Abb. 103. Schwere Kurbelschere mit einem Vorfeld drehbarer Rollenköpfe, um die Blechtafeln zu stützen und die auszuführenden Bewegungen zu erleichtern. Diese Anordnung hat sich selbst da noch als wirtschaftlich erwiesen, wo bis zu 100 m² Werkstattraum hierfür geopfert wurden.

51. Stoffleitung durch die Maschine. Der Ausnutzungsgrad einer Presse ist weniger eine Frage der Schnittgeschwindigkeit oder der vollständigen Ausnutzung von Getriebe und Maschinengestell als eine Frage nach dem Verhältnis von mög-

Abb. 104. Schwere Lochstanze mit selbsttätiger Werkstückbewegung durch Wagen auf fester Bahn.

licher Hubzahl zur tatsächlich ausgenutzten Hubzahl. Das Verhältnis ist fast ausschließlich abhängig von der Geschwindigkeit und Regelmäßigkeit, mit der das Werkzeug gespeist wird (Abb. 109). Die Schaffung von Einrichtungen zum Zu-

führen des Werkstoffes in das Werkzeug, zum Ausrichten des Stückes gegen das
Werkzeug, zum Festhalten in dieser Lage während des Schneidens, zum Auswerfen
von Erzeugnis und Abfall, zum Trennen des Erzeugnisses vom Abfall ist, je nach

Abb. 105. Schere mit Schwenkkran und geeigneten Greifern.

den Fertigungsumständen, Sache des Betriebes, des Werkzeugbaues oder des
Pressenkonstrukteurs.

    a) *Betriebsmäßige Behelfe*: Neben den Tisch gestellte Behälter mit Werkstücken
in Reichweite des Pressenführers (je geringer dessen Körperbewegung, desto günstiger die Wirkung); Stapel-
flächen in Tischhöhe; auf den
Pressentisch gestellte Behälter
mit Abziehloch an der Tisch-
fläche der Presse. — Ferner
schiefe Ebenen aus Blech, die
zum Schnittwerkzeug führen,
so daß das Werkstück nicht
mit der Hand gefaßt werden
muß, sondern mit einem Finger
in das Werkzeug geschoben
werden kann. Bringt man eine
Führungsschiene auf dem
Gleitblech an, so braucht das
Auge nicht den Finger zu leiten.
— Schiebt man das Werkstück
unter eine Blattfeder, so wird
das Werkstück beim Stanzen in
der richtigen Stellung gehalten.

Abb. 106. Das genormte Stapelgestell in Arbeitsstellung an einer
Tafelschere.
(Abb. 106—108 aus Maschinenbau 1927, Heft 23 u. 24.)

    Die fertigen Stücke kann man in einfachen Rinnen, die nur aus zwei Rund-
drähten mit Außenführung gebildet werden, zur nächsten Maschine rutschen lassen,
während der Abfall unter dem Pressentisch in einen Trog fällt. Werden beide Teile
nach unten abgeleitet, so genügt es, zwischen die für Werkstück und Abfall be-

stimmten Kästen ein bis zum Werkzeug heraufreichendes Brett zu stellen, daß sie nicht durcheinander fallen können. Werkstücke mit Loch kann man auf einem Dorn auffangen, usw. (Abb. 110).

b) *Der Werkzeugbau* kann die Werkzeuge zeitsparend ausstatten durch Werkteilführungen, die sich natürlich nach der Form des Stanzteiles richten müssen. Die

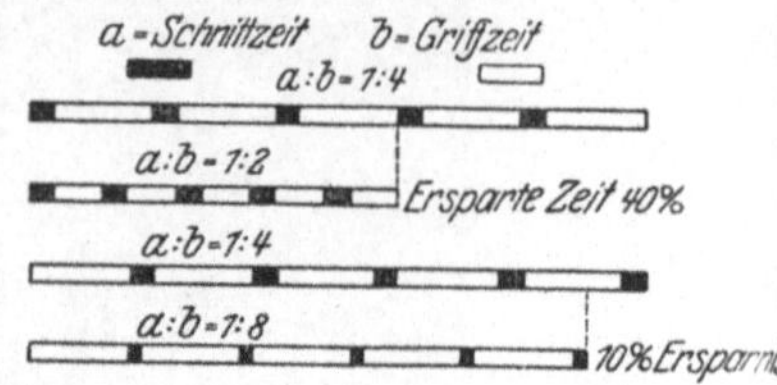

Abb. 109. Bedeutung von Schnittzeit- und Griffzeitverkürzung auf die Wirtschaftlichkeit. Eine Erhöhung der Schnittgeschwindigkeit um 50% (urten) bringt nur einen Zeitgewinn von 10% mit sich. Die Verkürzung der Griffzeiten um 50% (oben) jedoch einen solchen von 40%.

Abb. 107. Genormte Stapelgestelle für Blechtafeln, Streifen, Stangen und Stapelkästen bei Hubwagenförderung.

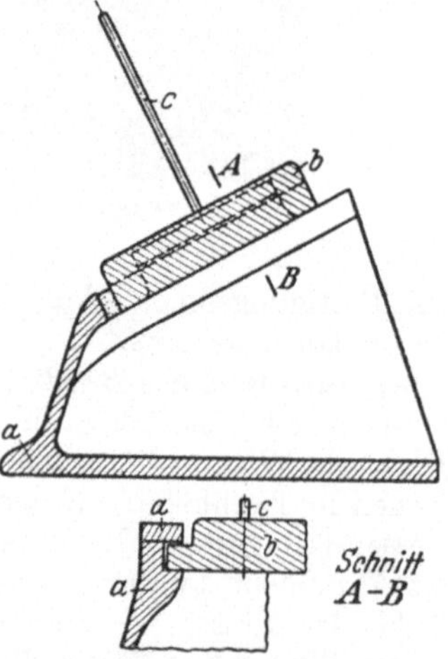

Abb. 110. Magazin für Schnitteile mit Durchbruch. Es besteht aus einem Schuh *a*, in den ein Schieber *b* mit einem Dorn *c* sich einführen läßt. Die Vorrichtung wird so aufgestellt, daß der Dorn *c* die herabfallenden Teile auffängt. Sobald sich auf dem Dorn eine genügende Anzahl gesammelt haben, wird der Schieber *b* mit Dorn *c* durch einen neuen ersetzt.

Abb. 108. Genormte Stapelgestelle in Arbeitsstellung an Pressen.

Möglichkeiten sind im 2. Teil (Werkstattbuch Heft 57) beschrieben. Man kann die Durchleitung des Stoffes durch das Werkzeug so lenken, wie es für die Bedienung und weitere Bearbeitung am günstigsten ist (3. Teil, Werkstattbuch Heft 59). Schwingrinnen, Förderbänder, Schieber, Haspelvorrichtungen bewegen den Werkstoff außerhalb der Schneiden.

c) *Der Pressenkonstrukteur* hat alle Möglichkeiten in der Hand, seine Maschinen mit Zubehör auszustatten bis zur Einzweckmaschine und zum Automaten: Walzenvorschubapparate mit Ganzzahn- und Halbzahnschaltung; Zangenvorschübe; Schwenkhebelvorschübe am Stößel; Zickzack- und ähnliche Schaltungen, von Hand einstellbar und automatisch arbeitend; Revolverteller mit Klinkenschaltung und Malteserkreuz. Nutenpressen für Stator- und Ankerbleche sind Einzweckmaschinen, die Stufenpresse ist schon ein Automat.

52. Maschinenauswahl. Mit den in Abschn. 34 gegebenen Unterlagen ist leicht zu bestimmen, wieviel Druck ein Pressenständer aufnehmen muß, wenn mit ihm eine bestimmte Arbeit ausgeführt werden soll.

Das Vordringen des elektrischen Einzelantriebes läßt es wünschenswert erscheinen, ein Bild darüber zu gewinnen, ob Motor und Getriebe die gewünschte Arbeitshubzahl auf die Dauer herzugeben vermögen.

Aus Schnittwiderstand (kg oder t) und Schnittgeschwindigkeit des Werkzeuges bzw. Pressenstößels (m/s) ergibt sich die notwendige Schnittleistung N in PS, aus Schnittwiderstand und Schnittweg (Stößelweg beim Schnitt) die Schnittarbeit A_P (kgm). Genau genommen müßte man diesen Wert durch Ausplanimetrieren der in Abb. 37 (Feld rechts unten) und in Abb. 40 dargestellten Linienzüge (Arbeitsflächen) gewinnen. Man rechnet sicher, wenn man den größten Schnittwiderstand und die größte Schnittgeschwindigkeit zugrundelegt. Diese Leistung wird nur für die Dauer des Schnittes, die einen sehr kleinen Bruchteil der Zeit einer vollen Umdrehung der Kurbel- oder Exzenterwelle darstellt, benötigt: Diese Zeit beträgt $\dfrac{\alpha\,60}{360\,u}$ Sekunden, wenn α denselben Wert in ° wie in Abb. 38 und u die Hubzahl des Stößels bzw. Drehzahl der Exzenterwelle je Min. angibt. Die Differenz der bei Ausführung des Schnittes notwendigen Leistung (Schnittleistung, s. o.) und der Leistung des Antriebsmotors während des Schnittweges muß das Schwungrad hergeben. Wenn das vom Schwungrad beim Schnitt abgegebene Arbeitsvermögen ihm bei durchlaufender Presse bis zum Beginn des neuen Schnittweges vom Motor gerade wieder zugeführt worden ist, dann ist der Motor voll ausgelastet, ein günstiger Wert für den $\cos\varphi$ sichergestellt.

Damit das Schwungrad durch Energieabgabe bei gleichzeitigem Drehzahlverlust sich auswirken kann, muß bei Drehstrom der Motor dieser Drehzahlminderung folgen können, d. h. etwa 15% Schlupf haben.

Bei seiner während des Schnittes abnehmenden Geschwindigkeit von v_{max} auf v_{min} kann ein umlaufender Schwungkranz vom Gewicht G kg entsprechend seiner Masse $M = G/9{,}81$ das Arbeitsvermögen bzw. die Arbeit A kgm abgeben:

$$A = \frac{M}{2}\,(v_{max}^2 - v_{min}^2) = \frac{G}{2\cdot 9{,}81}\,(v_{max}^2 - v_{min}^2)\quad\text{kgm.}$$

Setzt man $\dfrac{v_{max}+v_{min}}{2} = v$ und $\dfrac{v_{max}-v_{min}}{v} = \delta$, also $v_{max}-v_{min} = \delta v$, so wird damit $A = \dfrac{G}{9{,}81}\,v^2\,\delta$ kgm. v läßt sich aus dem Schwerpunktweg des Schwungradkranzes ($D\pi$ in m) und seiner Drehzahl n (U/min) bestimmen zu $v = \dfrac{D\,\pi\,n}{60}$ m/s, somit

$$A = \frac{G}{9{,}81}\,D^2\,\pi^2\,\frac{n^2}{60^2}\,\delta = G\,D^2\,\frac{n^2}{3600}\,\delta\quad\text{kgm.}$$

Dieses Arbeitsvermögen muß vom Motor während des nach Erledigung des Schnittes verbleibenden Teiles einer Umdrehung der Exzenter- oder Kurbelwelle, also während ihres Verdrehungswinkels von $(360-\alpha)°$ auf das Schwungrad übertragen werden.

Zunächst ist also die Größe des Motors und dann die des Schwungrades zu bestimmen.

Der Motor hat mit Hilfe des Schwungrades die volle Umdrehung der Kurbel- oder Exzenterwelle zur Verfügung, um die Schnittarbeit aufzubringen. Seine Leistung braucht daher nur das $\alpha/360$-fache der Schnittleistung N zu betragen, also

$$\text{Motorleistung } N_m = N\,\frac{\alpha}{360}\ \text{PS.} \tag{1}$$

Ist nicht die Schnittleistung N, sondern die Schnittarbeit A_P bekannt oder zu bestimmen, so gilt folgende Überlegung: Der Motor muß die Arbeit A_P während einer vollen Umdrehung der Kurbel- oder Exzenterwelle aufbringen. Die Zeit einer solchen Umdrehung ist $60/u$ Sekunden, somit die Leistung des Motors

$$N_m = A_P\,\frac{u}{60\cdot 75}\ \text{PS.} \tag{1a}$$

Mit dieser Leistung N_m überträgt der Motor während der Drehung der Exzenterwelle um $(360-\alpha)°$, also während der Zeit $\dfrac{(360-\alpha)\,60}{360}\,\dfrac{}{u}$, die zu speichernde Arbeit A auf das Schwungrad. Folglich ist

$$75\,N_m\,\frac{(360-\alpha)\,60}{360\quad u} = A = G\,D^2\,\frac{n^2\,\delta}{3600}\ \text{kgm}.$$

Das ergibt, wenn für N_m der Wert aus Gl. (1) eingesetzt wird,

$$GD^2 = \frac{45\,000\,N}{u\,n^2\,\delta}\,\frac{\alpha\,(360-\alpha)}{360}\ \text{kgm}^2\,,$$

und wenn man für N_m den Wert aus Gl. (1a) einsetzt,

$$GD^2 = A_P\,\frac{3600}{n^2\,\delta}\,\frac{(360-\alpha)}{360}\ \text{kgm}^2\,.$$

In diesen beiden Ausdrücken kann annähernd $\dfrac{360-\alpha}{360}=1$ gesetzt werden, weil α verhältnismäßig klein ist gegenüber 360°. So wird

$$GD^2 = \frac{45\,000\,N\,\alpha}{u\,n^2\,\delta}\ \text{kgm}^2 \tag{2}$$

bzw.

$$GD^2 = \frac{3600\,A_P}{n^2\,\delta}\ \text{kgm}^2. \tag{2a}$$

Findet nicht bei jeder, sondern nur bei jeder x-ten Umdrehung der Exzenterwelle ein Arbeitshub statt, so kann N_m auf $1/x$ verkleinert werden, denn statt 360 und 60 wäre in den Gl. (1) und (1a) 360 x bzw. 60 x zu setzen. In Gl. (2) hebt sich x heraus und in Gl. (2a) kommt es auch nicht zur Geltung. GD^2 müßte dasselbe bleiben, weil N_m im selben Maße verkleinert werden kann, wie die Zeit zum Speichern des Arbeitsvermögens größer wird. Dagegen sind GD^2, n^2 und δ im unmittelbaren gleichen Maße von einander abhängig.

Bei Einzelantrieb durch einen Drehstrommotor mit 15% Schlupf ist der Drehzahlabfall von Leerlauf bis Vollast z. B. = 1000 bis 850 U/min, also der Ungleichförmigkeitsgrad $\delta = \dfrac{1000-850}{925} = \dfrac{1}{6{,}15}$. Das ist für diesen Motor der praktisch größtmögliche Wert von δ, der das kleinste Schwungrad ergibt. Je größer der Nenner in dem Wert von δ, also je kleiner δ, um so größer wird das Schwungrad. Bei Flachriemen- und Transmissionsantrieb sollte man δ möglichst nicht größer wählen als 1/25, damit der Riemen nicht abfällt und die anderen Maschinen am Transmissionsstrang nicht in Mitleidenschaft gezogen werden.

B e i s p i e l: Schnittwiderstand = 90 t (Tabelle 2), Schnittgeschwindigkeit = 0,0833 m/s (Abb. 37, wobei aus Sicherheitsgründen immer die höchste zu wählen ist, die der Stößel annehmen wird), ergibt die Schnittleistung $N = \dfrac{90\,000\cdot 0{,}0833}{75} = 100\ \text{PS}.$

α sei = 18° (Abb. 37, Feld unten links, $\dfrac{u}{R}=0{,}049$), also nach Gl. (1) die Motorleistung $N_m = 100\,\dfrac{18}{360} = 5\ \text{PS}.$

Ferner seien: Die Drehzahl der Exzenterwelle $u = 3$ U/min, die Drehzahl des Schwungrades $n = 500$ U/min und der Ungleichförmigkeitsgrad des Schwungrades $\delta = 1/8{,}33$, dann wird nach Gl. (2)

$$GD^2 = \frac{45\,000\cdot 100\cdot 18}{3\cdot 250\,000}\,8{,}33 = 900\ \text{kgm}^2\,.$$

Diese beiden Gesichtspunkte, Motor- und Schwungradgröße, sind aber nicht allein ausschlaggebend für die Auswahl einer Presse. Es kommt auch darauf an, wie der notwendige Druck dem Werkzeug zugeleitet und vom Pressengestell aufgenommen wird. Die Verschiedenartigkeit dieser Wirkungen liegen in der Ausführungsart der Presse und ihrer Teile begründet: Antrieb mit Energiespeicher; Getriebe, das die verfügbare Energie in Bewegung und Druck umsetzt; Energieschalter zwischen diesen beiden Gliedern (Kupplung); Elemente für das Festspannen (Spannzapfen DIN 810 mit Druckschraube nach DIN 480, Abb. 111) und Einrichten der Werkzeuge; Anpassung der Maschine an das Werkzeug; Ausführung des Pressengestells, die dem Kraftschluß dient. Durch die große Zahl der Kombinationen erhält jede Maschinenkonstruktion ihre besondere Eigenart und spezielle Eignung.

53. Maschinenaufstellung. Der elektrische Einzelantrieb hat den Zwang, die Presse nach der vorhandenen Transmission auszurichten, gelöst. Man kann die Pressen also so aufstellen, wie es der Fertigungsgang vorschreibt. Dadurch sind Aufstellungsarten wie Abb. 112 möglich geworden. Sind $P_1 P_2 P_3$ Pressen, $T_1 T_2 T_3$ die zugehörigen Pressentische, so ergibt sich von der Wand W aus eine gute Beleuchtung des Arbeitsplatzes (Lichtstrahlen s). Der Pressenführer F hat genügend Bewegungsfreiheit, um den ganzen Pressentisch und seine Umgebung von seinem Sitz aus zu beherrschen (f). Der Bewegungsraum für Pflege und Reparatur ist durch o gekennzeichnet. Durch die Bewegungen auf dem Verkehrsweg V kann der Pressenführer nicht belästigt werden. Das Beispiel P_4 zeigt das Arbeiten mit Abrollhaspel (g) für den Rohstoff und Aufwickelhaspel (h) für den Abfall. Die Werkstücke werden unter dem Pressentisch gesammelt. Die Pfeilrichtung p läßt

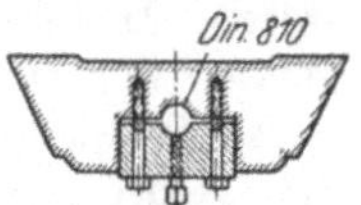

Abb. 111. Stößel mit Bohrung (Isa, H 7) für Werkzeugzapfen (Isa, f 7 bis h 6) nach DIN 810 mit Vierkantdruckschraube mit gehärtetem Zapfen (DIN 480).

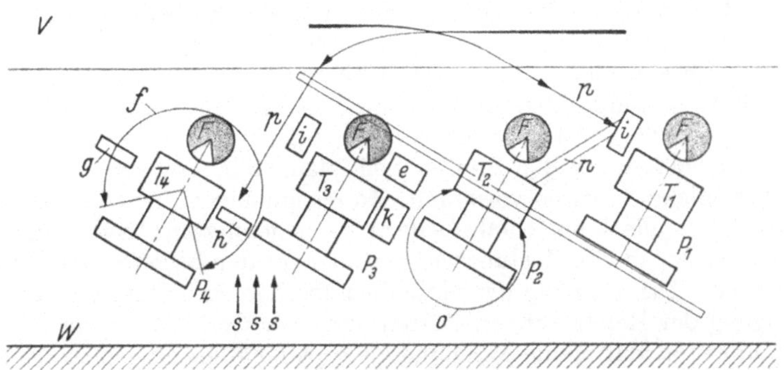

Abb. 112. Aufstellungsmöglichkeiten von Pressen: $P_1 P_2 P_3 P_4$-Pressen; $T_1 T_2$ ..-Pressentische; W Wand mit Fenstern; s Lichtstrahlen; F Pressenführer; f Arbeitsraum des Pressenführers; o Bewegungsraum für Pflege und Instandhaltung; V Verkehrsweg; g Abrollhaspel; h Aufrollhaspel; p Anfahrmöglichkeiten; i und k Werkstückbehälter; l Abfallsammelgefäß; n Rutsche oder Schwingrinne.

erkennen, daß Rohstoff und Abfall ohne scharfe Kehren und ohne Belästigung des Mannes an der Maschine herangefahren und bereitgestellt bzw. abgefahren werden können. An der Presse P_3 sind i und k Werkstückbehälter, l das Abfallgefäß. Auch hier Bedienungsfreiheit und Übersicht für den Pressenführer ohne Belästigung des Nachbarn. In dieser Richtung sind lange Stäbe und Stangen als Rohstoff gefürchtet. Daß aber auch für diesen Fall günstige Lösungen möglich sind, zeigt das Beispiel P_2. Nach P_1 und P_2 lassen sich Pressen in der Fertigung verketten, wenn n eine Rutsche oder Schwingrinne darstellt und i wieder ein Werkstoffbehälter ist. Hier soll keine erschöpfende Darstellung der Aufstellungsmöglichkeiten geboten werden. Es sollen nur die Gesichtspunkte dargestellt werden, die in diese Aufgabe hereinspielen neben den Ansprüchen der eigentlichen Fertigung, die von Fall zu Fall verschieden sind. Bei wechselnder Fertigung ist es daher wünschenswert, die Pressen schnell und leicht verstellen und sie in ihrer Dreh- und Hubzahl den Belangen der Fertigung anpassen zu können. Beides dürfte mit den heutigen Mitteln nicht allzu schwer auszuführen sein.

54. Maschinenpflege. Sinn der Maschinenpflege ist es, fertigungstechnisch gesehen, die Maschine im entscheidenden Augenblick fertigungsbereit zu haben. In der Presserei kommt ihr eine besondere Bedeutung deswegen zu, weil die Pressen infolge ihrer Arbeitsweise (starre Hubführung, der das Werkstück plötzlich einen erheblichen Widerstand entgegensetzt) immer bestrebt sind, sich selbst zu zerstören. Das schlagartige Ingangsetzen bzw. Stillsetzen und Abbremsen schwerer Massen der Maschine am Anfang und Ende des Hubes beansprucht erneut die Presse in allen ihren Teilen durch Stöße und Erschütterungen. Luft in den Lagern und Führungen verstärkt diese Wirkungen. Pressen beanspruchen daher mehr Pflege als andere Werkzeugmaschinen, wenn man mit der gleichen Betriebssicherheit wie bei diesen rechnen will. Hinzukommt, daß die Werkzeuge in den Pressen meist ein Mehrfaches des Wertes von Werkzeugen in den anderen Werkzeugmaschinen ausmachen. Und eine schlecht instandgehaltene Presse verschleißt Werkzeugschneiden.

Die Pflege der Pressen muß in drei Formen organisiert werden.

a) *Säubern* des Werkzeuges, des Pressentisches und der Spannfläche am Stößel; Kontrolle der Einstell- und Befestigungsschrauben; Abschmieren der Maschine bei Schichtbeginn oder beim Auswechseln des Werkzeuges. Diese Handhabungen gehören zum Akkord.

b) *Mindestens einmal wöchentlich* sollte die Presse gründlich *durchgeprüft* werden. Säubern und Prüfen der Schmierung, Kontrolle der Stößelführung, der Bremse, der Kupplung, des Getriebes. Ferner sind die Spannmittel für die Werkzeuge daraufhin zu untersuchen, ob sie noch 8 Tage mit der gewünschten Genauigkeit und Zuverlässigkeit durchhalten. Säubern des Motors. Riemenpflege. Hierfür sind $\frac{1}{2}$ bis 1 Stunde meist ausreichend.

c) *Die Instandsetzung* der Pressen soll planmäßig erfolgen, etwa so wie die Bundesbahn solche Arbeiten vornimmt. In regelmäßigen, im voraus festgesetzten Abständen (etwa alle 1 bis 2 Jahre oder nach x genutzten Arbeitshüben) werden die Pressen wieder in den Zustand versetzt, der für den betreffenden Betrieb wünschenswert ist. Die *Planung* der Maschinenüberholung sichert eine gleichmäßige Beschäftigung der Reparaturwerkstätten mit einer Geringstzahl an Handwerkern und gewährleistet, daß keine Maschine außerplanmäßig, mitten in der schönsten Fertigung, ausfällt.

Nicht nur die Zeitfolge, auch die technische Durchführung der Überholung sollte geplant werden. Es geht hierbei um die Arbeitsgenauigkeit der Presse und deren Sicherung. Die Arbeitsgenauigkeit der Presse ist abhängig von der Gestellstarrheit, der Führungssicherheit des Stößels, der Stößelstarrheit und schließlich der winkelrechten Zuordnung von Stößelbohrung, Stößelunterfläche und Tischoberfläche. Die Gestellstarrheit wird heute durch Linientafeln festgelegt, welche den Maschinen vom Hersteller aufgegeben werden.

Was unter *Führungsgenauigkeit* des Stößels zu verstehen ist, soll Abb. 113 verdeutlichen. Ein gewisses Spiel $(F-f)$ zwischen Stößel und Stößelführung ist zur Erreichung eines geringen Reibungswiderstandes nicht zu umgehen. Hierdurch wird es dem Stößel möglich gemacht, sich um den Winkel α gegen die Führung zu verkanten. Dieser Winkel α ist ein Maß für die Führungsgenauigkeit. Tritt nun vollends noch der Fall ein, daß die Punkte der Kraftübertragung von der Kugelkopfschraube auf den Stößel, von dem Stößel auf das Werkzeug und der Angriffspunkt der Resultierenden der gesamten Schnittwiderstände nicht in einer Senkrechten liegen, so tritt ein Drehmoment auf, das den Stößel verkantet, und zwar um so mehr, je größer α ist. Durch diese Verkantung erfolgt eine Krafteinwirkung

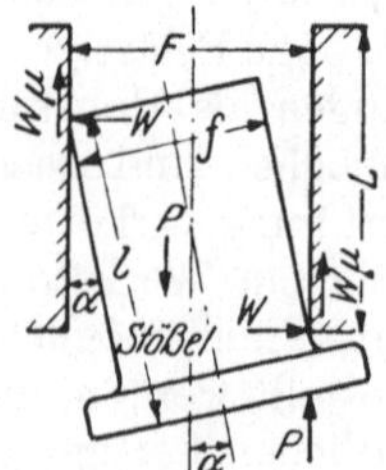

Abb. 113. Verkanteter Stößel.

auf die Stößelführung am Maschinengestell, die schließlich so weit geht, daß der Stößel sich unter dem Einfluß der entstehenden Reibung festklemmt, oder daß die Stößelführung abgesprengt wird. Zur Erzielung einer genauen Stößelführung kommt es also darauf an: 1. die Verkantungsmöglichkeit des Schiebers so gering wie möglich zu machen, d. h. α klein zu halten. Dies kann erreicht werden durch Vergrößerung des Verhältnisses Führungslänge zu Führungsbreite L/F und l/f; 2. dafür Sorge zu tragen, daß der Angriffspunkt des Pressendruckes und die Resultierende der gesamten Widerstände möglichst in einer Senkrechten liegen, um das zerstörende Drehmoment so klein wie möglich zu halten. Ein ordnungsmäßiges Nachstellen der Führungsbahn ist also nicht so einfach, wie es auf den ersten Blick zu sein scheint; denn mit der Verringerung des Spiels allein ist es nicht abgetan, weil zum Beispiel bei einfachem einseitigem Nachstellen der Kraftübertragungspunkt zwischen Kugelkopf und Stößel aus der Stößelmitte herausgerückt würde. Um das Auftreten von Drehmomenten möglichst hintan zu halten, sollte man also möglichst mit beiderseitigen Zustelleisten arbeiten.

Aus Abb. 113 geht nun hervor, wie gefährlich gerade das erwähnte Drehmoment dem Stößel ist, wie sehr es seine Arbeitsgenauigkeit beeinträchtigt, wenn der Stößel weit aus seiner Führung herausragt und das Drehmoment in einer zu der gezeichneten um 90° gedrehten Ebene wirkt und den Stößel, selbst wenn er in sich zur Druckkraftaufnahme stark genug ist, an dem Punkte, wo er aus seiner Führung heraustritt, abzubiegen sucht.

Wollte man die Pressen einer Werkstatt in Güteklassen einteilen, so hätte man 1. die Dehnung des Körpers bei verschiedenen Belastungen bzw. verschiedenen Geschwindigkeiten zu messen, um sich ein Bild über die Genauigkeitsbeeinträchtigung infolge der elastischen Dehnung und Verdrehung zu machen; 2. hätte man zur Beurteilung der Führungsgenauigkeit des Stößels für möglichst viele Punkte der Stößelbahn und für möglichst viele Lagen derselben das Spiel zwischen Stößel und Stößelführung in Abhängigkeit von dem Verhältnis „geführte Stößellänge zu Stößelbreite" festzuhalten[1].

55. Das Werkzeug. Der Aufbau eines Stanzwerkzeuges hängt hauptsächlich von der Stückzahl ab, die mit dem Werkzeug hergestellt werden soll; von der Stückzahl, die in der Zeiteinheit dabei anfallen muß; von der Zeit, die zur Herstellung des Werkzeuges zur Verfügung steht und von der Genauigkeit mit der das Werkstück hergestellt werden soll. Im 2. Teil sind die Aufbauteile eines Schnittes beschrieben und im 3. Teil Gesichtspunkte für Wertung und Zuordnung der Teile zueinander aufgeführt, um eine wirtschaftliche Fertigung aufzubauen.

Das beste Werkzeug taugt nicht, wenn es falsch oder unzweckmäßig eingebaut wird. Die elastischen Formänderungen einer Presse unter Druck sind oben erwähnt. Sie müssen auch vom Werkzeug ertragen werden. Alle zur Herstellung notwendigen Toleranzen beim Bau von Werkzeugen müssen also so gelegt werden, daß sie diesen Bewegungen entgegenkommen.

Der Einbau des Werkzeuges.

a) **Festlegung der Arbeitshöhe.** 1. Bei Pressen mit *verstellbarem Tisch* ist dieser auf Höhe zu stellen und auf der gewünschten Höhe festzusetzen. Dies ist wichtig, weil mit einer Lockerung der Schrauben, die den Tisch vorspannen, die Tischneigung sich ändert und jede Abweichung von der Senkrechten zur Druckrichtung Schubwirkungen zeitigt.

---

[1] Darüber Näheres im Prüfbuch für Werkzeugmaschinen (Berlin/Göttingen/Heidelberg: Springer-Verlag) bzw. in den neueren „Prüfnormen für Werkzeugmaschinen".

2. *Einstellung des Hubes.* Grundsätzlich stellt man ihn so klein ein wie es die Betriebsumstände eben gestatten (s. Abb. 37).

Obere Grenze : Freischnitte benötigen keine obere Begrenzung. Führungsschnitte dürfen nur so weit auseinandergezogen werden, daß Stempel und Führungsplatte oder Säulen und Oberteil noch genügend Führung in einander behalten.

Blockschnitte müssen genau auf *die* Höhe eingestellt werden, die meist am Oberteil markiert ist. Dies mit Rücksicht auf die im Blockschnitt gegebenenfalls vorhandenen beweglichen Teile, die auf eine bestimmte Lage festgelegt sind.

Untere Grenze : Bei Freischnitten soll der Stempel etwa 5 mm oder darüber hinaus um das Maß der Blechdicke in die Schnittplatte eindringen.

Führungsschnitte sollen im allgemeinen so tief in einander gehen, daß mindestens jedes 2., allenfalls jedes 3. Blankett nach dem Schnitt vor dem eindringenden Stempel aus der Schnittplatte herausfällt.

Bei Blockschnitten sollen die Stempel nur um Bruchteile eines Millimeters in die Schnittplatte eintreten, wenn nicht andere Rücksichten zu nehmen sind. Meist ist daher bei Blockschnitten die Tiefststellung durch eine Marke festgelegt.

b) Einstellung des Führungsspiels am Stößel. Je steifer und je genauer der Stempel gegen die Schnittplatte geführt wird, desto besser das Schnittergebnis, desto länger die Schnitthaltigkeit. Je weniger zwingend die Führung an der Maschine, desto besser muß die Führung am Werkzeug sein und umgekehrt: Je genauer die Werkzeugführung, desto loser die Führung an der Maschine, damit keine Zwängung entsteht. Das bedeutet: für den Freischnitt müssen die Führungen an der Presse sehr sorgfältig ausgerichtet und sehr eng gestellt werden (s. Abb. 113).

Für den Führungsschnitt ist die Ausrichtung wichtig. Die Engestellung hängt von der Spielgröße zwischen Stempel und Schnittplatte ab. Je größer dieses Spiel, desto enger die Führung an der Presse stellen.

Beim Blockschnitt ist nur dafür zu sorgen, daß der Stößel genau senkrecht auf denselben drückt. Zwängung zwischen Blockschnitt und Presse vermeidet man durch lose Einhängung des Spannzapfens am Oberteil.

c) Befestigung des Stempels am Pressenstößel. Das Werkzeugoberteil muß allseitig spielfrei an der Unterseite des Stößels anliegen, um eine genügend große Fläche für die Kraftübertragung ohne Neigung zu Biegungsspannungen zu schaffen. Dazu muß die Stößelspannfläche unbedingt eben, ohne Marken ohne verharzte Ölrückstände sein oder in diesen Zustand gebracht werden.

d) Ausrichten der Werkzeugteile gegeneinander erfolgt grundsätzlich in der unteren Totlage des Exzenters. Durch Schläge mit dem Gummihammer und ähnliche Erschütterungen sorgt man dafür, daß sich die Schnittplatte ohne Klemmen frei nach dem Stempel einstellen kann. Je geringer die Führung der Werkzeugteile gegen einander in sich selbst ist, desto wichtiger ist diese Arbeit.

e) Die Befestigung der Schnittplatte auf dem Pressentisch hat mit der gleichen Sorgfalt wie unter c) zu erfolgen. Wo die Gefahr besteht, daß sich beim Anziehen der Spannschrauben die Schnittplatte verschiebt, kann man die Reibung zwischen Tisch und Schnittplatte durch ein dünnes Stück Papier vergrößern. Die benutzten Spannschrauben müssen einwandfrei, die Auflagestücke für die Spanneisen genau so hoch wie die Spannränder des Werkzeugunterteils sein, damit beim Spannen und Stanzen kein Schub auf das Werkzeugunterteil ausgeübt wird. Die Spannschrauben sind so dicht wie möglich an das Werkzeugunterteil heranzurücken. Hierbei dreht man die Presse von Hand durch, läßt sie dann leerlaufen. Stempel und Schnittplatte einölen.

f) Prüfen des Probeschnittes. An der Neigung zu Gratbildung und dem Aussehen der Schnittfläche kann man die Güte des Ausrichtens beurteilen. So lange muß nachgerichtet werden, bis das Werbestück befriedigt.

g) Prüfen des Stoff-Flusses. Werkstück und Abfall müssen frei wegfallen oder -gleiten können, dem zuzuleitenden Rohstoff dürfen sich keine Muttern und Schrauben störend entgegenstellen oder durch ihre Nähe die Bedienung erschweren und gefährden.

h) Anschluß des weiteren Zubehörs. Abstreifer, Vorschubvorrichtungen, Stapel- und Ladevorrichtungen sind in Stellung zu bringen.

i) Abschlußprüfung. Das ganze System ausprobieren. Alle Schrauben nochmals nachziehen.

Was über die Säuberung, Pflege und Instandhaltung der Pressen gesagt ist, gilt sinngemäß auch für die Werkzeuge. Die programmäßige Überholung beim Werkzeug wirkt sich so aus, daß diese jeweils nach Rückgabe des Werkzeuges an das Werkzeuglager erfolgt, also nach Fertigstellung eines Auftrages. Zweckmäßigerweise wird das Werkzeug unter Beifügung des zuletzt hergestellten Werkstückes zurückgegeben, damit der Werkzeugmacher aus dessen Aussehen gleich erkennen kann, wo und wie das Werkzeug am meisten beansprucht wurde.

56. Vorrichtungen. a) Sicherheitsvorrichtungen. Die gegenwärtig schwebenden Aufgaben der Stanztechnik erstrecken sich im wesentlichen auf die Steigerung von Sicherheit, Genauigkeit und Leistung. Die Pressen sind als gefährlich verrufen, und tatsächlich ist die Zahl der Unfälle erschreckend hoch, namentlich bei solchen Arbeiten, bei denen nicht vom Werkstoffstreifen geschnitten wird, bei denen das Teil nicht durch die Schnittplatte hindurchgeht und der Abfall abgeleitet oder als „Gitter" mit dem Band vorgeschoben wird (in welchem Falle meistens beide Hände zur Führung des Bleches notwendig sind), also namentlich bei Einlegearbeiten. Wird ein Presser in seinem Arbeitsrhythmus durch Anruf, Anfassen usw. gestört oder stimmt der von der Veranlagung und Stimmung abhängige Arbeitsrhythmus des Pressers nicht mit der Maschine überein, so ist es nur zu leicht möglich, daß die Finger, die Hand des Pressers vom Stempel erfaßt werden. Wo solche Fälle zu befürchten sind, muß man die Betätigung der Kupplung durch Fußtritt als unzulänglich bezeichnen und eine *Zweihandhebelausrückung* anbringen. Diese Vorrichtung kann jedoch nur Unfälle verhüten, wenn beide Hände *gleichzeitig* die Doppelhandhebel betätigen müssen. Bei jeder Doppelhandeinrückvorrichtung muß man den Nachteil mit in Kauf nehmen, von der Bedienung einen Handgriff, also einen Arbeitsaufwand zu fordern, der für den eigentlichen Fertigungsgang nicht unbedingt erforderlich wäre. Das Steuerungsschema kann man mit mechanisch, pneumatisch oder elektrisch betätigter Steuerung anwenden. *Fingerabweiser* sind nur dann ungefährlich, wenn sie nicht mit Gewalt auf den Menschen einwirken, sondern wenn sie die Maschine ausschalten sowie der Abweiser in seiner Bewegung berührt oder angestoßen wird.

Das bisher Gesagte läßt erkennen, daß der Maschinenkonstrukteur außer der Sicherung zur Vermeidung von Unfällen durch den Riemen, das Schwungrad, ungewolltes Kuppeln des Schwungrades mit der Exzenterwelle wenig an der Unfallverhütungsfrage und ihrer Lösung mitarbeiten kann. Hauptsächlich bleibt dies dem Werkzeug- und Vorrichtungskonstrukteur vorbehalten. Die Bestrebungen gehen deshalb dahin, den Aufenthalt unter den Werkzeugen abzukürzen, indem man Vorrichtungen anbringt, die das unter dem Stempel verbleibende Werkstück entfernen. Außer Schrägstellen der Presse trifft man hierbei häufig auf die Verwendung von Preßluft, die den Vorteil hat, daß man in der Festlegung der Ableitungsrichtung nicht unnötig gebunden ist. Zudem ist mit dieser Sicherung eine

Leistungssteigerung verbunden. Dies günstige Zusammentreffen können wir auch bei Einrichtungen finden, die der Werkstoffzuführung dienen. Die übliche Zuführgeschwindigkeit von Hand dürfte sich um 100 Zuführungen in der Minute bei durchlaufender Presse bewegen. Damit soll nicht gesagt sein, daß unter besonders günstigen Umständen — Schneiden kleiner Ausschnitte in einen Streifen usf. — nicht auch ganz erheblich höhere Leistungen, bis mehr als das Doppelte, möglich wären. Doch sind das Ausnahmefälle, denen eine erheblich geringere Leistung gegenübersteht, wenn zu jedem Arbeitsgang die Kupplung betätigt werden muß. Genügen solche Stückleistungen, so ist es Sache des Werkzeugkonstrukteurs, für die notwendige Unfallsicherheit zu sorgen. Bei höheren Leistungsforderungen muß man mit Vorschubapparaten arbeiten. Diese bringen den Vorteil mit sich, daß sie jede Handbewegung unter dem Pressenstößel unnötig machen.

b) Selbst so einfache Arbeitsgänge wie Zählen ergeben bei Stundenleistungen von etwa 2000···3000 Stück eine erhebliche Belastung des Betriebes, so daß bei reiner Massenfertigung eine *Zählvorrichtung* unbedingt zur Betriebseinrichtung gehört. Bedingung ist jedoch, daß er nicht einfacher Hubzähler ist, sondern nur jedes tatsächlich hergestellte Arbeitsstück zählt (Photozelle; Zählwaage).

c) Kontrollvorrichtungen. Unter den gleichen Umständen wie oben wird auch die Einzelkontrolle zur Unmöglichkeit, wenn man sie nicht durch Vorrichtungen ausführen läßt. (Prüfen elektrischer, akustischer Werte, Größenabmessungen, Dichtigkeit usw.) Solche Vorrichtungen hängen in ihrer Ausführungsform vom Werkstücke ab.

57. Fertigen. Wenn hier manches über den Betrieb oder das Betreiben einer Stanzerei gesagt worden ist, so soll damit nicht der Eindruck erweckt werden, als ob die Einrichtung das wesentliche sei, daß dies und jenes unbedingt zur Einrichtung einer Stanzerei gehöre. Sinn alles Betreibens ist die Fertigung. Sie allein entscheidet darüber, was not ist. Im Brennpunkt des Fertigens schneiden sich die Wirkungen von Maschine, Werkzeug, Rohstoff, Erzeugnis, Abfall und die Wirksamkeit des Menschen. Diese Wirkungen richtig abzustimmen und zu verketten, so, daß mit dem geringsten Aufwand die verlangte Stückzahl in der vorgeschriebenen bzw. in einer hinreichenden Genauigkeit mit der gewünschten Fertigungsgeschwindigkeit erstellt wird, das ist die Aufgabe, die es zu lösen gilt und die man sich bei allen Maßnahmen vor Augen halten muß.

(Fortsetzung 4. Umschlagseite)